工业机器人专业"十三五"规划教材

埃夫特工业机器人拆装与维护

主　编　戴晓东　许德章

副主编　李玉爽　张广祥　张　旭

西安电子科技大学出版社

内 容 简 介

根据高等教育的实际需求，本书以埃夫特六自由度工业机器人ER20－C10本体及其附属设备的安装与调试检修作为教学内容。全书共有14个项目，内容包括工业机器人手腕部分拆卸(1)和(2)，电机座拆卸，管线部分拆卸，电机座、小臂、手腕拆卸，2轴减速机、大臂拆卸，底座拆卸，底座装配，2轴减速机、大臂安装，电机座、小臂、手腕总装，管线部分安装，电机座分装，手腕部分分装(1)和(2)。各项目逐层分为不同任务，各任务既相互独立，又前后呼应、循序渐进。每个项目后均附有对该项目的自我评价和教师评分表。

本书既可作为高等院校及高职高专学校机械设计制造大类、机电控制大类的专业教材，也可供相关单位专业技术人员参考。

图书在版编目(CIP)数据

埃夫特工业机器人拆装与维护(高职)/戴晓东，许德章主编. —西安：西安电子科技大学出版社，2018.10
ISBN 978－7－5606－5051－7

Ⅰ. ①埃… Ⅱ. ①戴…②许… Ⅲ. ①工业机器人—安装 ②工业机器人—维修 Ⅳ. ①TP242.2

中国版本图书馆CIP数据核字(2018)第212181号

策划编辑　高　樱
责任编辑　盛晴琴　雷鸿俊
出版发行　西安电子科技大学出版社(西安市太白南路2号)
电　　话　(029)88242885　88201467　　邮　　编　710071
网　　址　www.xduph.com　　电子邮箱　xdupfxb001@163.com
经　　销　新华书店
印刷单位　陕西利达印务有限责任公司
版　　次　2018年10月第1版　　2018年10月第1次印刷
开　　本　787毫米×1092毫米　1/16　　印张　8.25
字　　数　162千字
印　　数　1～3000册
定　　价　19.00元
ISBN 978－7－5606－5051－7/TP
XDUP　5353001－1
＊＊＊＊＊如有印装问题可调换＊＊＊＊＊

前　言

随着高等教育教学改革的不断深入，教材、教学方法、教学手段也在不断地更新，“以社会就业为导向，以服务企业为宗旨”的教育目标越来越被重视。

本书突出工业机器人拆装技术的实用性，以进一步增强读者的工业机器人拆装实践操作能力。在内容的呈现形式上，采用实物照片和表格等形式将相关知识点展现出来，图文并茂，通俗易懂，深入浅出，力求使读者可以直观地理解和掌握所授内容。

本书紧扣国家职业标准的知识和技能要求，有针对性地介绍操作工艺和操作过程的方法、要领、技巧及实际生产中遇到的检修等疑难问题的解决办法，使读者学会操作本领，提高技术水平。

本书由芜湖职业技术学院戴晓东副教授、安徽工程大学许德章教授主编，参加编写工作的有：戴晓东(项目 1、项目 2、项目 13、项目 14)、许德章(项目 5、项目 6、项目 9、项目 10)，芜湖职业技术学院李玉爽(项目 3、项目 12)、张广祥(项目 4、项目 11)、张旭(项目 7、项目 8)。

本书的内容安排突出职业意识，并以职业能力培养为主线，精选教学内容。全书共有 14 个项目。全书由戴晓东负责统稿和定稿。在近两年的教学改革和教材编写过程中得到了芜湖职业技术学院各级领导、同事以及安徽工程大学机械学院的大力支持，在此一并表示衷心的感谢。

限于编者的学术水平，书中不足之处在所难免，恳请广大读者批评指正。

编　者

2018 年 1 月

目　录

项目 1　手腕部分拆卸（1）

一、教学目标

1. 知识与技能

1）知识

(1) 了解机器手手腕部分的拆卸要求。

(2) 熟悉机器手手腕部分组成机构。

2）技能

(1) 认识机器手手腕部分组成的各零部件及其拆卸、检测工具。

(2) 了解螺栓拆卸规则并能正确拆卸螺栓。

(3) 了解销的拆卸要求并能正确拆卸销。

(4) 按照工艺规程要求，会使用各种工具拆卸机器手手腕部分，并对其进行检验。

2. 过程与方法

能根据实训指导书的要求，采取小组合作的方式完成机器手手腕部分的拆卸。在小组合作过程中，能合理安排工作步骤，分配工作任务，注重安全规范。能总结并展示机器手手腕部分拆卸工作的收获与体验。

3. 情感、态度与价值观

乐观、积极地对待机器手手腕部分的拆卸工作；严格遵守安全规范并严格按实训指导书要求的拆卸步骤进行工作；爱惜劳动工具；不挑剔团队交给自己的工作任务并承担自己的责任；能积极探讨拆卸工艺的合理性和可能存在的问题。

二、教学内容与时间安排

手腕部分拆卸(1)教学内容及时间安排如表 1－1 所示。

表 1－1　教学内容与时间安排

教学内容	时间
按照工序要求拆卸机器手手腕部分(1)	80 min
拆卸完工后的处理工作并对手腕部分拆卸(1)的工作进行讨论	10 min

三、安全警示

我已认真阅读机器人操作安全规范，并预习了机器手手腕部分拆卸项目。针对该项目的特点，我认为在安全防范上应注意以下几点(不少于三条)：

____

____

____

签名：

四、实训器材与工具

实训器材与工具清单如表 1－2 所示。

表 1－2　实训器材与工具清单

实训器材清单			
序号	零件名称	规格型号	数　量
1	6 轴输入圆弧锥齿轮调整垫	—	1 个
2	手腕连接体	—	1 个
3	圆柱销	3×16	1 个
4	末端法兰	—	1 个
5	内六角圆柱头螺钉	M3×30	18 个
6	内六角圆柱头螺钉	M4×35(12.9 级)	6 个
7	5、6 轴电机	R2AA6040FCH29	2 台
8	6 轴减速机	SHG－20－50－2UH－SP	1 块
9	内六角圆柱头螺钉	M5×12(12.9 级)	8 个

续表

实训器材清单			
序号	零件名称	规格型号	数　量
10	内六角圆柱头螺钉	M5×16(12.9级)	8个
11	六角螺栓C级	M5×35	3个
12	六角螺母C级	M5	3个
13	5、6轴输入皮带轮	—	1条
14	皮带轮紧钉板	—	4块
15	皮带轮处连接垫片	—	2个
16	内六角圆柱头螺钉	M3×10(12.9级)	3个
17	内六角圆柱头螺钉	M5×10(12.9级)	14个
18	6轴电机安装板	—	1块
19	同步带	695-5M-15	2条
20	5轴减速机处盖板	—	1块
21	内六角圆柱头螺钉	M4×10(12.9级)	30个
22	小盖板	—	2块
23	5、6轴零标保护套	—	2个
24	6轴盖板	—	1块
25	5轴缓冲块	—	2块

工具清单		
工具名称	型　号	数　量
扭矩扳手	QL6N4	1把
扭矩扳手(带批头)	QL12N	1把
扭矩扳手(带批头)	QL25N	1把
活动扳手6"	47202	1把
充电式扳手	EZ7546LR2S(150 N·m)	1个
内六角扳手	—	1套

续表

工具清单		
工具名称	型　号	数　量
大铜棒	—	1根
冲杆	—	1根
皮带张紧仪	—	1个
辅助材料清单		
辅助材料名称	型　号	备　注
螺纹紧固胶	ThreeBond1374	以“■”标记
平面密封胶	ThreeBond1110F	以“●”标记

五、实训步骤

1. 5轴缓冲块及5、6轴零标保护套的拆卸

如图1-1所示，用扳手将螺钉21拆卸并将两个零标保护套23从手腕连接体上取出。

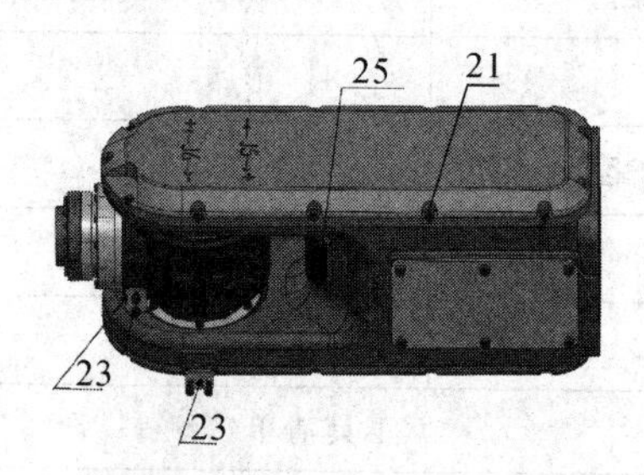

图1-1

2. 5、6轴盖板及手腕连接体两侧小盖板的拆卸

如图1-2和图1-3所示，用扳手拆掉螺钉21后并将盖板20和24从手腕连接体上拆除，然后再用扳手拆掉螺钉17并将小盖板22从手腕连接体2上拆除。

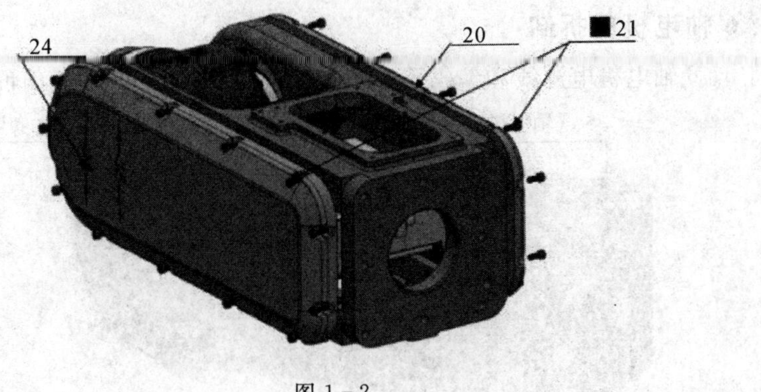

图 1-2

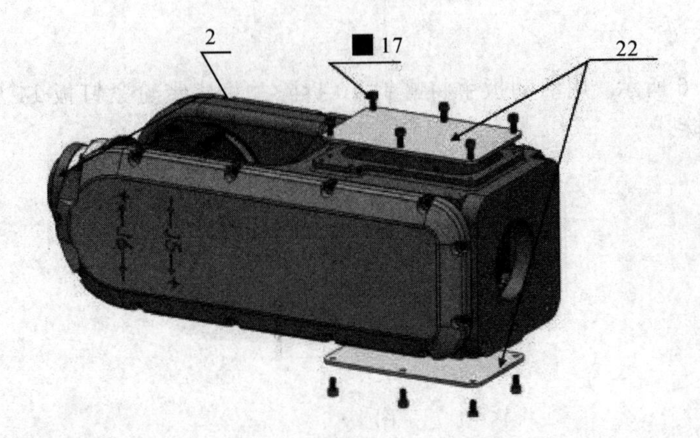

图 1-3

3. 5轴同步带的拆卸

如图 1-4 所示，用活动扳手拆掉螺钉 5 和 9 以及螺母 12,并卸下同步带 19。

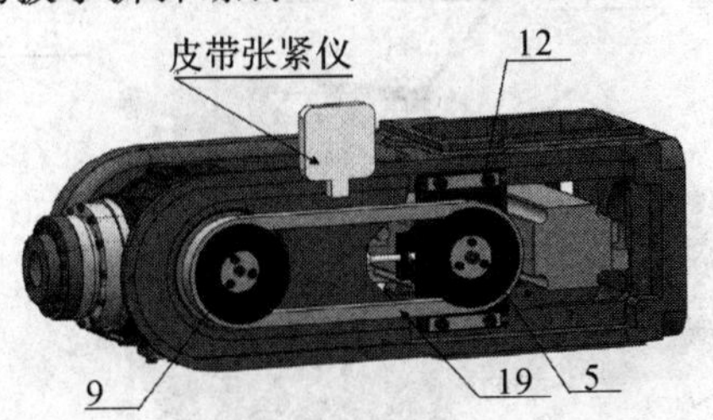

图 1-4

4. 5、6轴电机的拆卸

（1）将5、6轴电机电源线和编码器引线从如图1-5所示穿线孔中拆除。

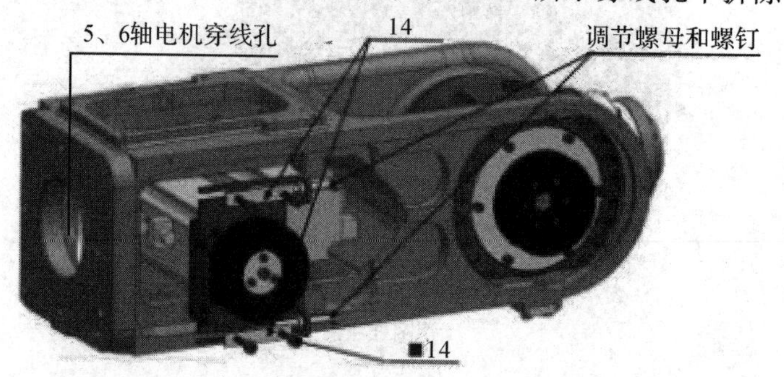

图1-5

（2）如图1-6所示，用活动扳手将螺钉10拆除并将皮带轮紧钉板14从手腕连接体的电机安装孔内拆除。

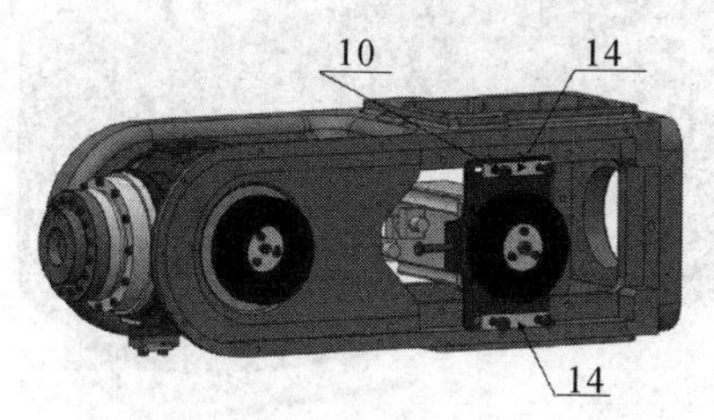

图1-6

（3）如图1-7和图1-8所示，用扳手拆除螺钉9并将6轴电机安装板18从6轴电机7上拆除，然后依次将皮带轮13和皮带轮处连接垫片15从电机上拆掉。

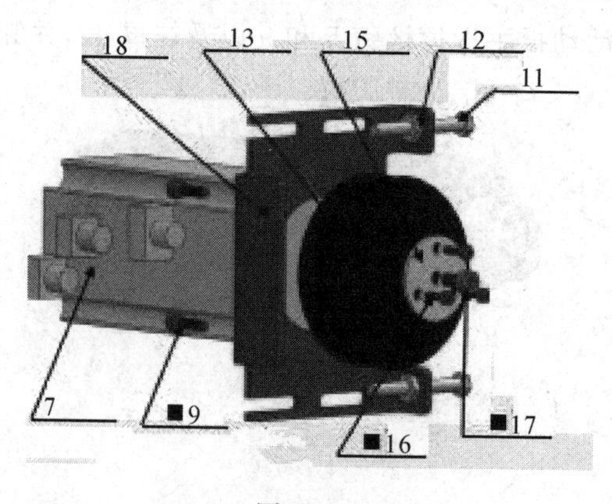

图1-7

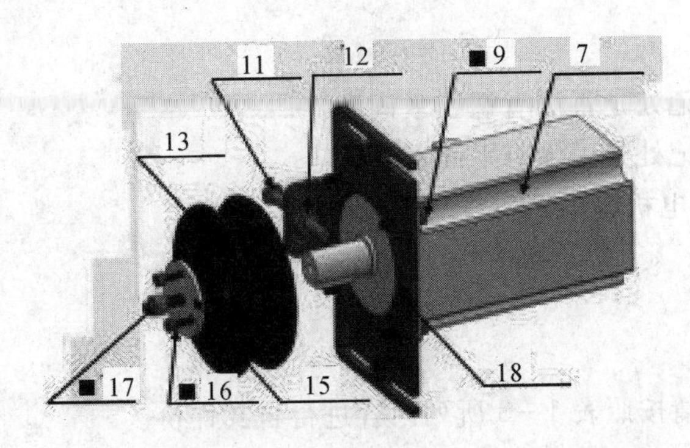

图1-8

5. 6轴减速器末端法兰的拆卸

按图1-9所示，依次将末端法兰4、圆柱销3和内六角螺钉5从6轴减速机8上拆除。

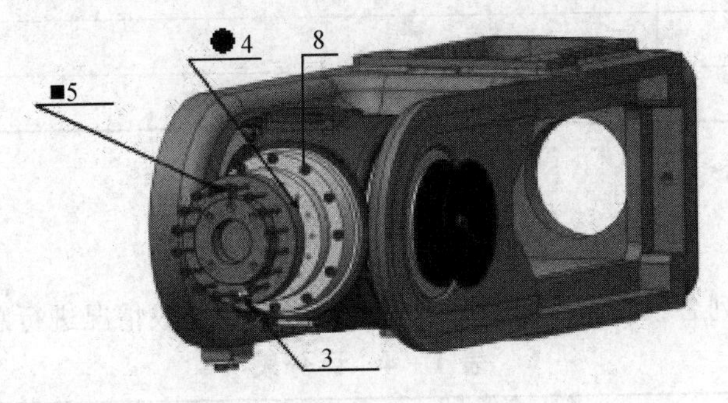

图1-9

6. 6轴轴承杯的拆卸

如图1-10所示，用扳手拆掉螺钉6，然后依次将调整垫1和分装好的轴承杯从手腕连接体中拆除。

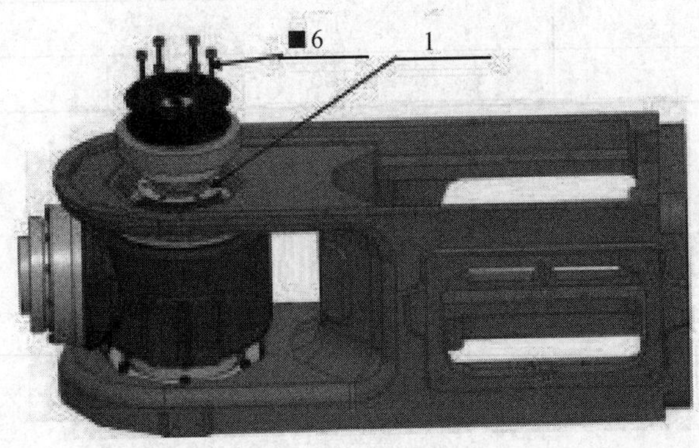

图1-10

操作要点：

（1）检查“■”标记处是否涂有螺纹紧固胶。

（2）检查“●”标记处是否涂有平面密封胶。

（3）注意5、6轴电机编码器引线及电源线接口朝向。

六、自我评价

本项目完成后，请按照表1-3所列内容进行自我评价。

表1-3 自我评价表

安全生产	
手腕部分拆卸(1)	
团队合作	
清洁素养	

七、评分

请按表1-4所列各项实训内容进行打分，并对项目完成情况进行总结。

表1-4 评分表

配分项目	配 分	得 分
安全防范	10	
实训器材与工具准备	10	
实训步骤	70	
自我评价	10	
合计	100	

项目 2　手腕部分拆卸（2）

一、教学目标

1. 知识与技能

1）知识

(1) 了解机器手手腕部分的拆卸要求。

(2) 熟悉机器手手腕部分组成机构。

2）技能

(1) 认识组成机器手手腕部分的各零部件及其拆卸、检测工具。

(2) 了解螺栓拆卸规则并能正确拆卸螺栓。

(3) 了解密封圈的拆卸要求并正确拆卸密封圈。

(4) 了解销的拆除要求并正确拆除销。

(5) 按照工艺规程要求,会使用各种工具拆卸机器手手腕部分，并对其进行检验。

2. 过程与方法

能根据实训指导书的要求，采取小组合作的方式完成机器手手腕部分的拆卸。在小组合作过程中，能合理安排工作步骤，分配工作任务，注重安全规范。能总结并展示机器手手腕部分拆卸工作的收获与体验。

3. 情感、态度与价值观

乐观、积极地对待机器手手腕部分拆卸工作；严格遵守安全规范并严格按实训指导书要求的拆卸步骤进行工作；爱惜劳动工具；不挑剔团队交给自己的工作任务并承担自己的责任；能积极探讨拆卸工艺的合理性和可能存在的问题。

二、教学内容与时间安排

手腕部分拆卸(2)教学内容及时间安排如表 2－1 所示。

表 2-1 教学内容与时间安排

教 学 内 容	时 间
按照工序要求拆卸机器手手腕部分(2)	80 min
拆卸完工后的处理工作并对手腕部分拆卸(2)工作进行讨论	10 min

三、安全警示

我已认真阅读机器人操作安全规范，并预习了机器手手腕部分拆卸(2)项目。针对该项目的特点，我认为在安全防范上应注意以下几点(不少于三条)：

____

____

____

签名：

四、实训器材与工具

实训器材与工具清单如表 2-2 所示。

表 2-2 实训器材与工具清单

实训器材清单			
序号	零件名称	规格型号	数 量
1	6 轴减速机处连接小轴	—	1 个
2	内六角圆柱头螺钉	M3×10(12.9 级)	15 个
3	调整垫	—	若干个
4	6 轴减速机	SHG-20-50-2UH-SP	1 台
5	内六角圆柱头螺钉	M4×10(12.9 级)	35 个
6	6 轴输出圆弧锥齿轮(右旋)	—	1 个
7	深沟球轴承	61804-2LS	1 个
8	内六角圆柱头螺钉	M3×30	12 个
9	O 型橡胶密封圈	S75(Φ74.5×2)	1 个

续表

实训器材清单			
序号	零件名称	规格型号	数　量
10	手腕连接体	—	1个
11	6轴输入圆弧锥齿轮(左旋)	—	1个
12	深沟球轴承(带密封圈)	61805-2LS	1个
13	普通平键A型	5×5×18	1个
14	① 6轴输出皮带轮处轴承杯 ② 骨架油封	FW34×18×7	各1个
15	轴用弹性挡圈	Φ25	1个
16	深沟球轴承(带密封圈)	61804-2LS	1个
17	6轴输出皮带轮	—	1条
18	内六角圆柱头螺钉	M5×12(12.9级)	1个
19	普通平键A型	4×4×18	1个
20	皮带轮处连接垫片	—	1个
21	① 轴用弹性挡圈 ② 5轴输出皮带轮	Φ60 —	各1个
22	深沟球轴承(带密封圈)	61912-2LS	1个
23	O型橡胶密封圈	Φ35.5×2.65	1个
24	5轴减速机连接板	—	1块
25	5轴减速机连接板下盖板	—	1块
26	5轴减速机连接板上盖板	—	1块
27	5轴减速机	SHG-20-80-2UH-UP	1个
28	① O型橡胶密封圈 ② O型橡胶密封圈	S110(Φ109.5×2) Φ17.8×1.9	15个 若干个
29	O型橡胶密封圈	S50(Φ49.5×2)	1个

续表

实训器材清单			
序号	零件名称	规格型号	数　量
30	① VD橡胶密封圈 ② VD橡胶密封圈处压板	—	35个 1块
31	手腕体	—	1个
32	5轴减速机连接轴	—	1个
33	① 圆柱销 ② 圆柱销	3×16 5×10	1个 12个
34	O型橡胶密封圈	S75(Φ74.5×2)	1个
35	隔套	—	1个
36	① 内六角螺钉 ② 内六角螺钉	M3×20 M3×16	各1个

工具清单		
工具名称	型　号	数　量
扭矩扳手	QL6N4	1把
扭矩扳手(带批头)	QL12N	1把
扭矩扳手(带批头)	QL25N	1把
活动扳手6"	47202	1把
充电式扳手	EZ7546LR2S(150N·m)	1个
内六角扳手	—	1套
大铜棒	—	1根
冲杆	—	1根

辅助材料清单		
辅助材料名称	型　号	备　注
三键超级清洗剂	TB6602T	—
螺纹紧固胶	ThreeBond1374	以“■”标记
平面密封胶	ThreeBond1110F	以“●”标记

五、实训步骤

1. 5 轴输出皮带轮的拆卸

如图 2-1 所示，用扳手拆掉螺钉 36②，将 5 轴输出皮带轮从连接轴 32 上取下。

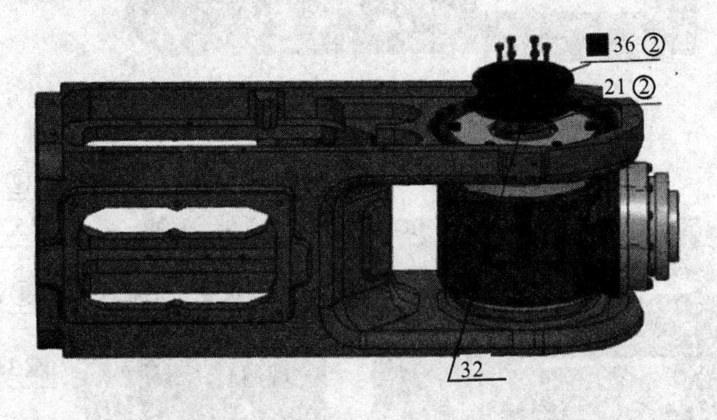

图 2-1

2. 5 轴减速机连接轴的拆卸

如图 2-2 所示，用扳手拆掉螺钉 2 后将连接轴 32 从减速机 27 上拆除，再将 O 橡胶型密封圈 28②从连接轴的 O 型槽内取出并将油封清洗干净。

图 2-2

3. 5 轴减速机连接板的拆卸

(1) 如图 2-3 所示，用扳手拆掉螺钉 5 后将减速机连接板上盖板 26 从减速机连接板 24 上拆除。

(2) 如图 2-4 所示，用扳手拆掉圆柱销 33①和 33②及螺钉 5 和 36①，将连接板从 5 轴减速机和手腕连接体 10 上取下。

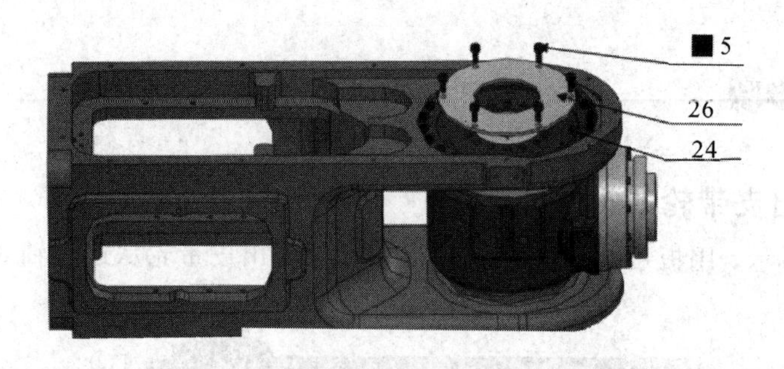

图 2－3

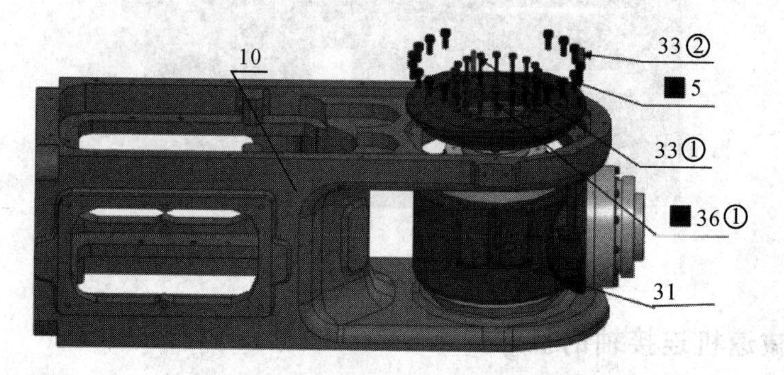

图 2－4

(3) 如图 2－5 所示，将 O 型橡胶密封圈 28①和 29 从 O 型槽内取出。用扳手拆掉螺钉 5，再将 5 轴减速机连接板下盖板 25 从 5 轴减速机连接板 24 上取下。

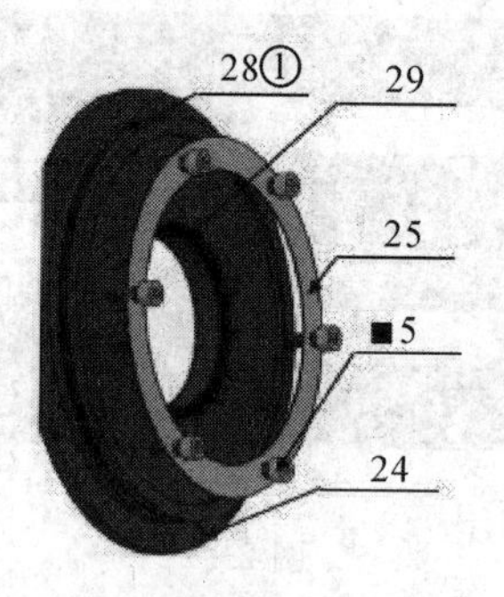

图 2－5

4. 5 轴减速机的拆卸

(1) 如图 2－6 所示，用扳手拆掉螺钉 8 并将 5 轴减速机 27 从手腕连接体 10 上拆除。

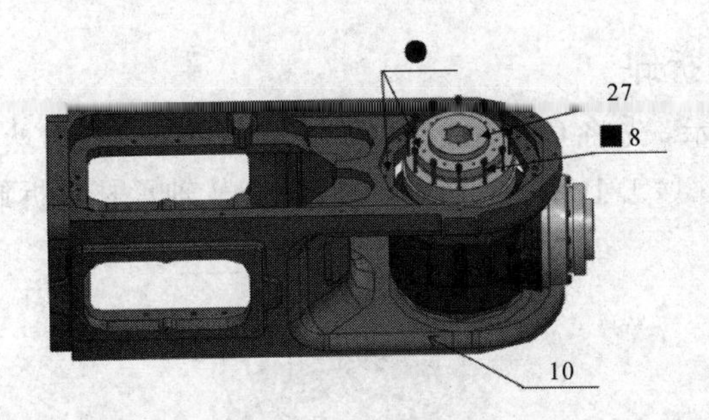

图 2-6

(2) 如图 2-7 所示，将 O 型橡胶密封圈 34 从手腕体 31 的 O 型槽内取下来。

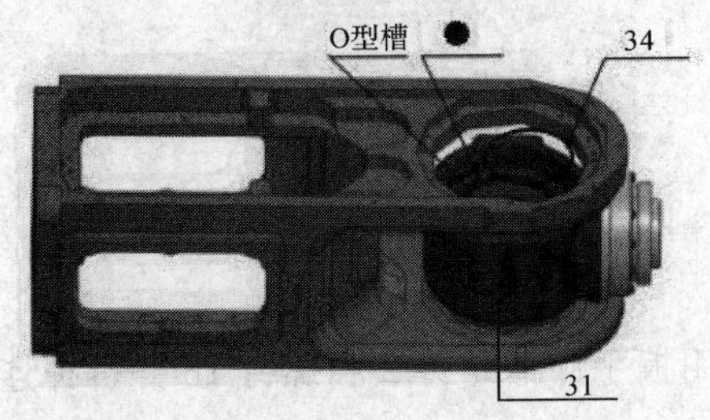

图 2-7

5. 手腕连接体与手腕体的拆卸

(1) 如图 2-7 所示，将手腕体 31 从手腕连接体上移出。

(2) 如图 2-8 所示，用扳手拆掉螺钉 5，再将密封圈处压板 30②从手腕连接体上拆除。

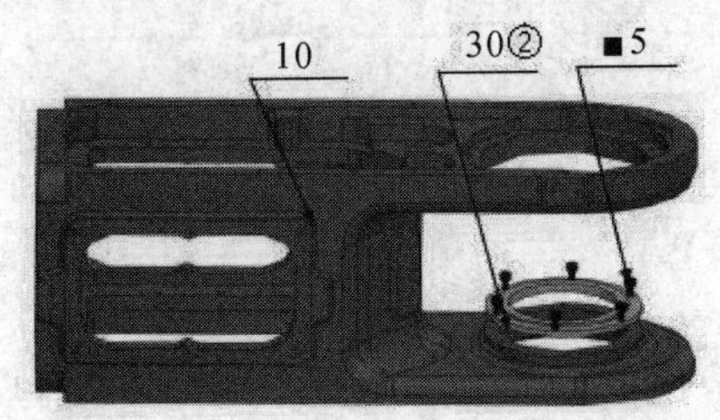

图 2-8

(3) 如图 2-9 所示，将密封圈 30①从手腕体拆除并清洗油封部分。

图 2-9

6. 6轴轴承杯的拆卸

（1）如图 2－10 所示，先将 O 型密封圈 23 从 O 型槽内取出，然后用轴用卡簧钳将轴用弹性挡圈 21①从轴承杯 14①上卸下，最后将轴承 22 从轴承杯上拆卸下来。

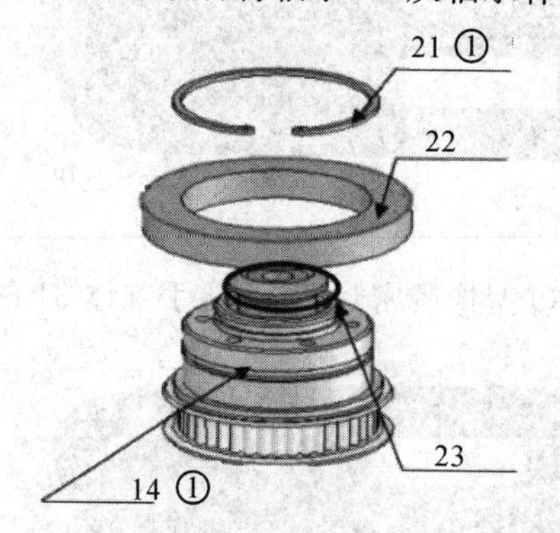

图 2－10

（2）如图 2－11 所示，用扳手卸掉螺钉 2 和螺钉 18 并拆掉连接垫片 20。

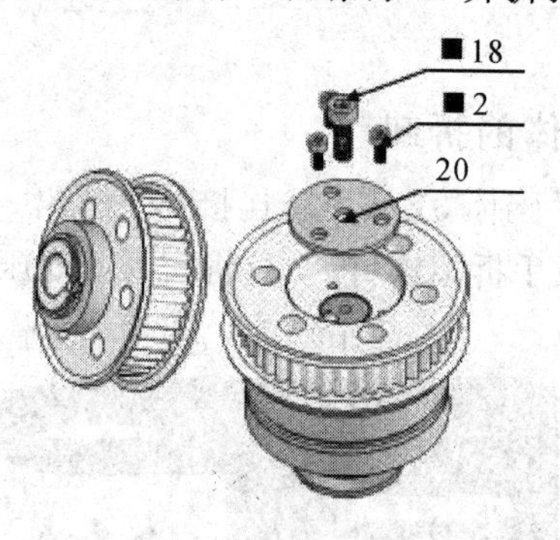

图 2－11

（3）如图 2－12 所示，将平键 13 从 6 轴输入圆弧锥齿轮 11 的键槽内取下，再将 6 轴输出皮带轮 17 从 6 轴轴承杯的轴承挡内孔中取出。

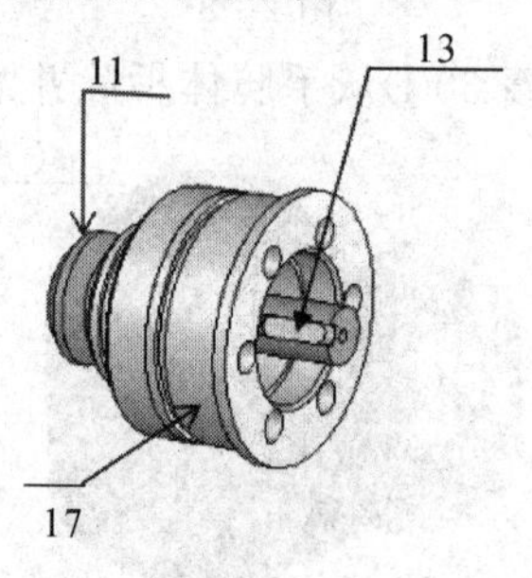

图 2－12

7. 6轴轴承及6轴输出皮带轮的拆卸

(1) 如图2-13所示，用轴用卡簧钳将轴用弹性挡圈15从卡环槽中取出，再将轴承16从6轴输出皮带轮17配合处取出。

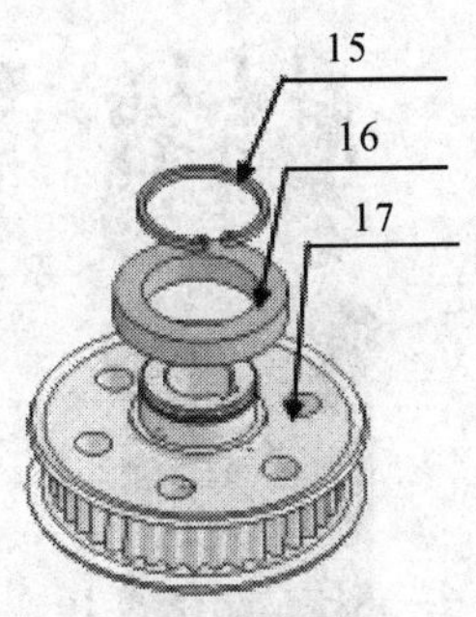

图2-13

(2) 如图2-14所示，将6轴输入圆弧锥齿轮11从轴承杯的配合内孔中取出，再将轴承12从6轴输入圆弧锥齿轮配合处推出。

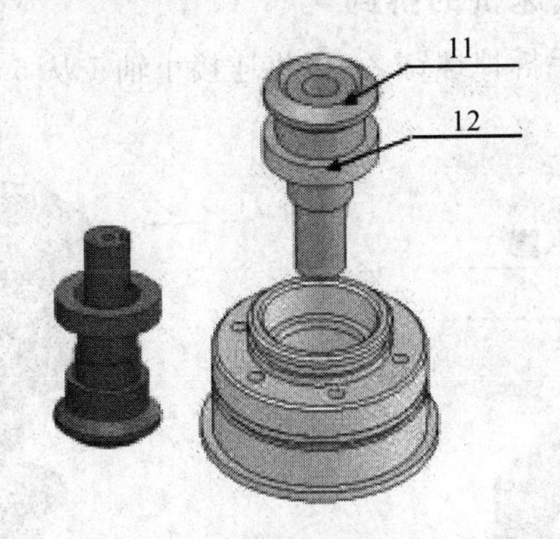

图2-14

(3) 如图2-15所示，将骨架油封14②从轴承杯14①内取出并将油封清洗干净。

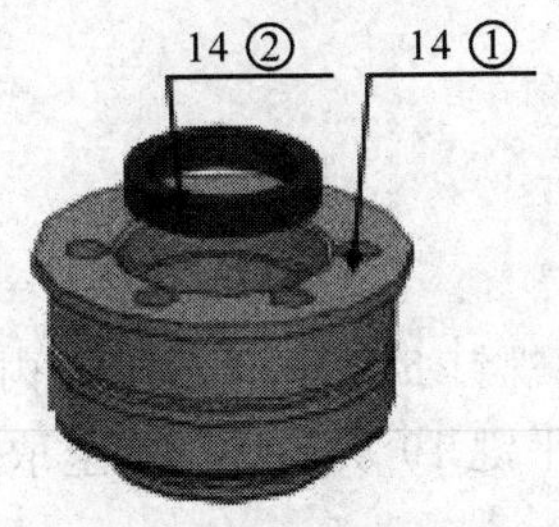

图2-15

8. 6轴减速机与手腕体的拆卸

如图2－16所示，用内六角扳手拆掉内六角螺钉8并将6轴减速机4从手腕体31上拆卸下来。

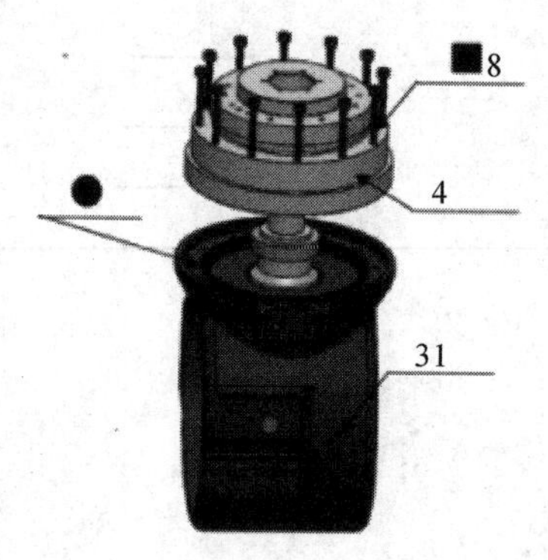

图2－16

9. 连接小轴与6轴减速机的拆卸

如图2－17所示，用扳手拆掉螺钉2，再将连接小轴1从6轴减速机上拆卸下来。

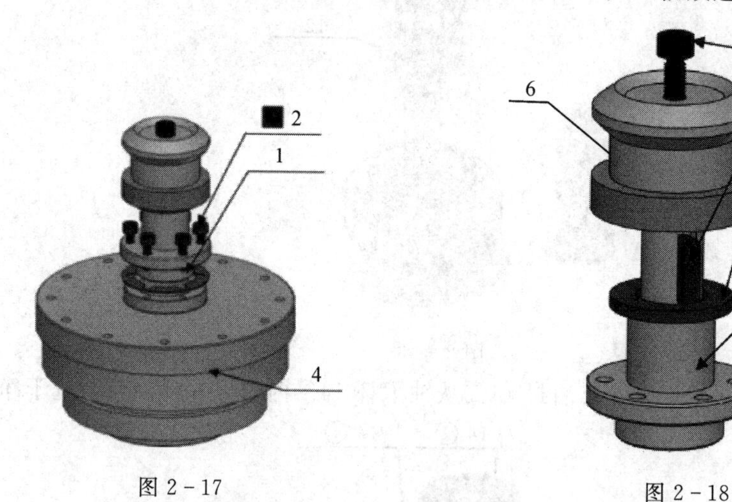

图2－17　　图2－18

10. 连接小轴的拆卸

如图2－18所示，用扳手卸掉螺钉5并松开轴承7内圈，然后将连接小轴1上的圆弧锥齿轮6取出，最后将隔套35和平键19从连接小轴上取下来。

操作要点：

(1) 检查"●"标记处涂有平面密封胶。

(2) 检查"■"标记处涂有螺纹紧固胶。

(3) 螺纹拧紧按附录 A“螺纹拧紧力矩表”和附录 B“螺纹预紧规则”执行。

(4) 在安装前所有铸件需检查安装孔内是否有铁屑，铸件安装表面是否有油污。

(5) 所有油封及轴承安装前需在配合表面均匀涂一层润滑脂。

(6) O 型圈安装前需在表面涂一层润滑脂。

(7) 注意骨架油封 14②以及密封圈 30①唇口朝向。

(8) 骨架油封要用专用的工装安装。

(9) 安装骨架油封前需先检查骨架油封有无破损。

(10) 安装骨架油封时需在骨架油封的内圈和外圈涂一层润滑脂。

六、自我评价

本项目完成后，请按照表 2-3 所列内容进行自我评价。

表 2-3　自我评价表

安全生产	
手腕部分拆卸(2)	
团队合作	
清洁素养	

七、评分

请对表 2-4 所列各项实训内容进行打分，并对项目完成情况进行总结。

表 2-4　评　分　表

配分项目	配　分	得　分
安全防范	10	
实训器材与工具准备	10	
实训步骤	70	
自我评价	10	
合计	100	

项目3 电机座拆卸

一、教学目标

1. 知识与技能

1）知识

（1）了解机器手电机座的拆卸要求。

（2）熟悉机器手电机座拆卸组成机构。

2）技能

（1）认识机器手电机座组成的各零部件及其拆卸、检测工具。

（2）了解螺栓拆卸规则并能正确拆卸螺栓。

（3）了解密封圈的装配要求并正确拆卸密封圈。

（4）了解销的装配要求并正确拆卸销。

（5）按照工艺规程要求，会使用各种工具拆卸机器手电机座，并对其进行检验。

2. 过程与方法

能根据实训指导书的要求，采取小组合作的方式完成机器手电机座的拆卸。在小组合作过程中，能合理安排工作步骤，分配工作任务，注重安全规范。能总结并展示机器手电机座分装拆卸工作的收获与体验。

3. 情感、态度与价值观

乐观、积极地对待机器手电机座的拆卸工作；严格遵守安全规范并严格按实训指导书要求的拆卸步骤进行工作；爱惜劳动工具；不挑剔团队交给自己的工作任务并承担自己的责任；能积极探讨拆卸工艺的合理性和可能存在的问题。

二、教学内容与时间安排

电机座拆卸教学内容及时间安排如表3－1所示。

表 3-1　教学内容与时间安排

教 学 内 容	时　间
按照工序要求拆卸机器手电机座	80 min
装配完工后的处理工作并对机器手电机座拆卸工作进行讨论	10 min

三、安全警示

我已认真阅读机器人操作安全规范，并预习机器手电机座拆卸项目。针对该项目的特点，我认为在安全防范上应注意以下几点(不少于三条)：

____

____

____

签名：

四、实训器材与工具

实训器材与工具清单如表3-2所示。

表 3-2　实训器材与工具清单

实训器材清单			
序号	零件名称	规格型号	数　量
1	4轴过线套	—	1个
2	O型橡胶密封圈	Φ31.5×1.8	1个
3	内六角圆柱头螺钉	M3×10(12.9级)	4个
4	4轴减速机	RV-10C-27	1台
5	深沟球轴承	61807-2LS	1个
6	4轴减速机输入齿轮	—	1个
7	内六角圆柱头螺钉	M6×60(12.9级)	8个
8	隔套	—	1个
9	孔用A级弹性挡圈	47	1个

续表

实训器材清单			
序号	零件名称	规格型号	数 量
10	骨架油封	FB 47×30×7	2 个
11	内六角圆柱头螺钉	M5×20(12.9 级)	5 个
12	4 轴电机输入齿轮	—	1 个
13	4 轴电机	R2AA06040FCH29	1 个
14	O 型橡胶密封圈	Φ45×2.65	1 个
15	4 轴减速机过渡板	—	1 块
16	内六角圆柱头螺钉	M8×20(12.9 级)	6 个
17	O 型橡胶密封圈	Φ56×2.65	1 个
18	O 型橡胶密封圈	Φ100×2.65	1 个
19	电机座	—	1 个
20	3 轴减速机	RV-42N-164.07	1 个
21	内六角圆柱头螺钉	M6×35(12.9 级)	16 个
22	3 轴电机	R2AA08075FCP29	1 个
23	3 轴电机输入齿轮	—	1 个
24	内六角圆柱头螺钉	M5×40(12.9 级)	1 个
25	O 型橡胶密封圈	S67(Φ66.5×2)	1 个
26	内六角圆柱头螺钉	M6×20(12.9 级)	4 个
27	线束扎线板	—	1 块
28	内六角圆柱头螺钉	M6×16(12.9 级)	2 个
29	3 轴电机盖板	—	1 块
30	内六角圆柱头螺钉	M4×10(12.9 级)	6 个
31	O 型橡胶密封圈	AS568-048(Φ120.37×1.78)	1 个
32	O 型橡胶密封圈	G130(Φ129.4×3.1)	1 个

续表

工具清单		
工具名称	型　号	数　量
扭矩扳手、M3 批头	QL6N4	各1个
扭矩扳手、M6 批头	QL25N、306090	各1个
扭矩扳手、M6 批头	QL25N	各1个
扭矩扳手、M4 批头	QL6N4	各1个
扭矩扳手、M5 批头	QL12N、304C	各1个
孔用卡簧钳	72034	1把
冲杆	—	1根
大铜棒	—	1根
活动扳手 6″	47202	1把
内六角扳手	—	1套
锉刀	—	1套
导杆	M6×100	1根
辅助材料清单		
辅助材料名称	型　号	备　注
三键超级清洗剂	TB6602T	—
螺纹紧固胶	ThreeBond1374	以“■”标记
平面密封胶	ThreeBond1110F	以“●”标记
润滑脂	—	—

五、实训步骤

1. 3轴电机盖板及电机座线束扎线板的拆卸

(1) 如图3-1所示，用扳手拆掉螺钉30并将盖板29从电机座19上拆卸出来。

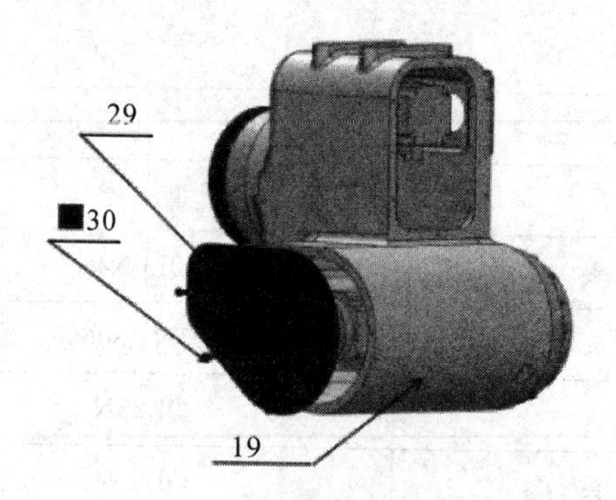

图 3-1

(2) 如图 3-2 所示，用扳手拆掉螺钉 28，再将扎线板 27 从电机座上拆卸出来。

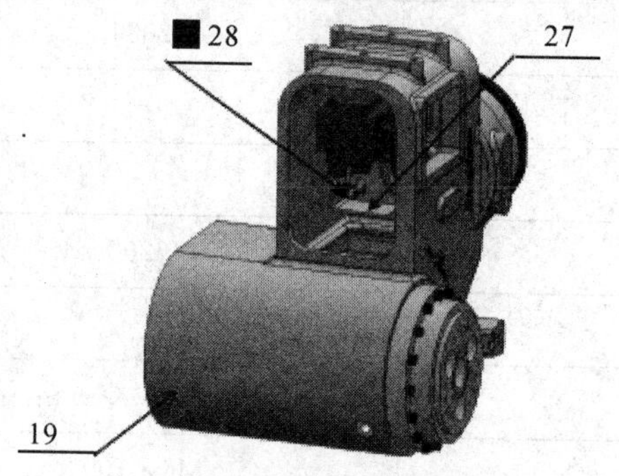

图 3-2

2. 3 轴电机输入齿轮及 3 轴电机的拆卸

(1) 如图 3-3 所示，用扳手拆掉螺钉 26 并将电机 22 从电机座上移除。

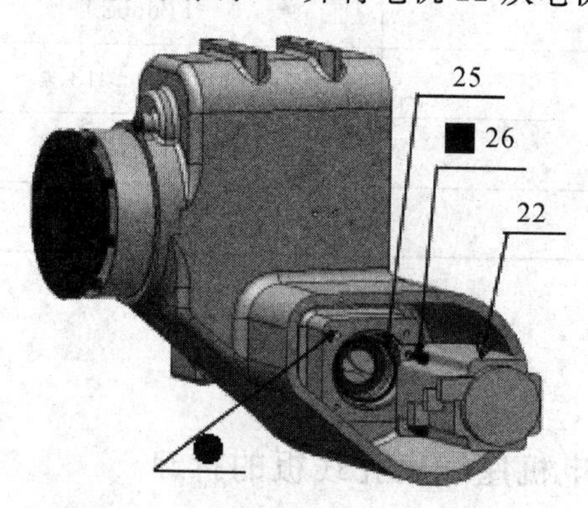

图 3-3

(2) 如图 3-3 所示，将 O 型圈 25 从电机座相应的 O 型槽内取出并将 O 型圈清洗干净。

(3) 如图 3 - 4 所示，用扳手拆掉螺钉 24 并将 3 轴电机输入齿轮 23 从电机 22 上拆卸出来。

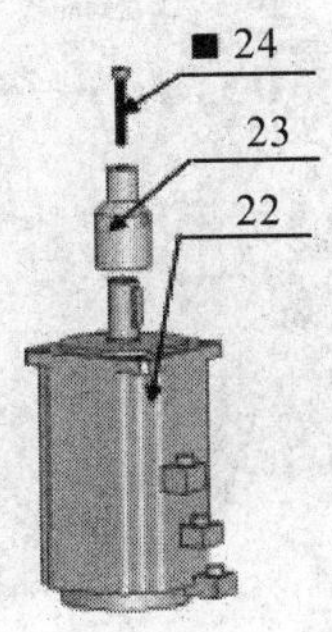

图 3 - 4

3. 3 轴减速机的拆卸

(1) 如图 3 - 5 所示，用扳手拆除螺钉 21，将 3 轴减速机 20 从电机座上拆除。

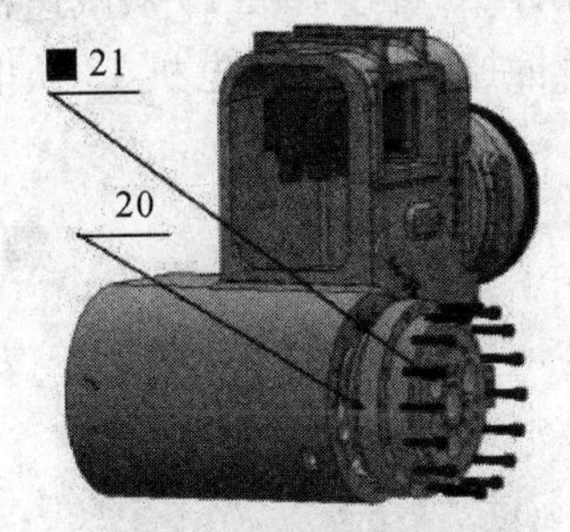

图 3 - 5

(2) 如图 3 - 6 所示，将 O 型圈 32 从减速机与电机座配合处止口面上取下。

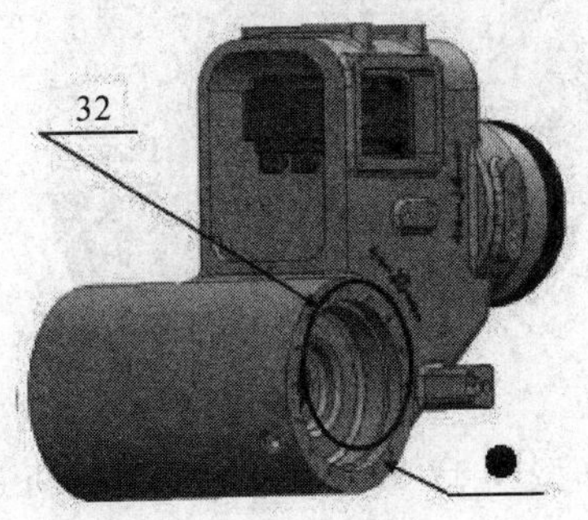

图 3 - 6

(3) 如图 3 - 7 所示，将骨架油封 10 拆下并清洗干净。

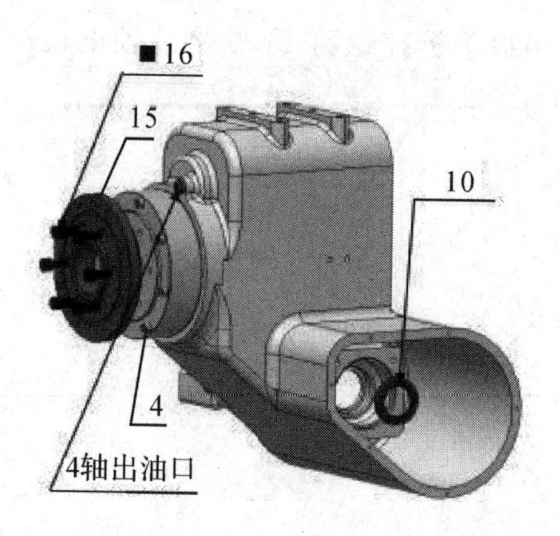

图 3-7

4. 4轴电机及4轴减速机过渡板的拆卸

(1) 如图 3-7 所示，拆掉螺钉 16 将过渡板 15 从减速机 4 上移除。

(2) 如图 3-8 所示，用扳手拆掉螺钉 11 将电机 13 从电机座上分离。

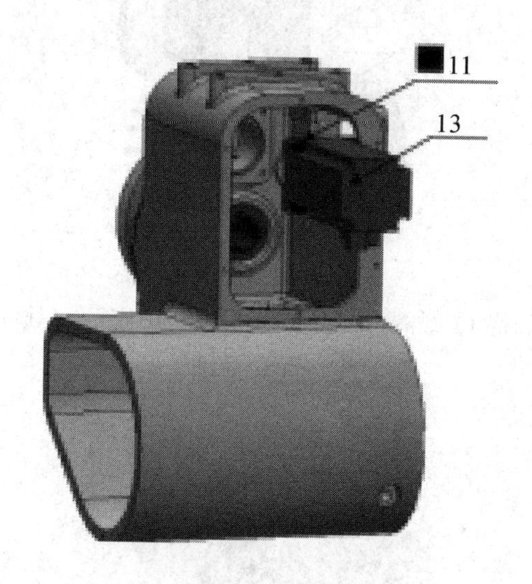

图 3-8

(3) 如图 3-9 所示，将 O 型圈 17 和 18 从 4 轴减速机过渡板 15 上相应的 O 型槽内取出。

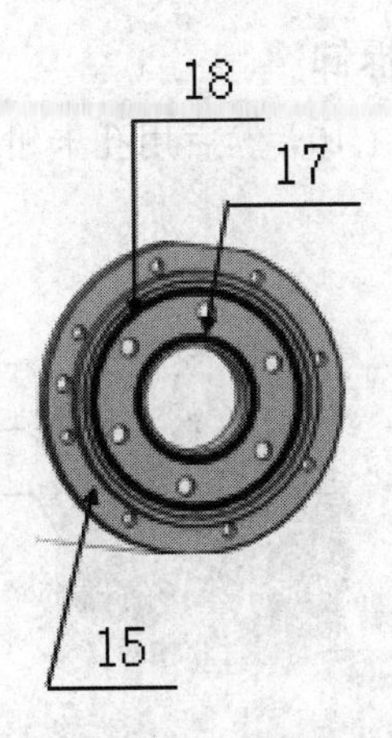

图 3-9

(4) 如图 3-10 所示，将 O 型圈 14 从电机与电机座配合止口面上取出。

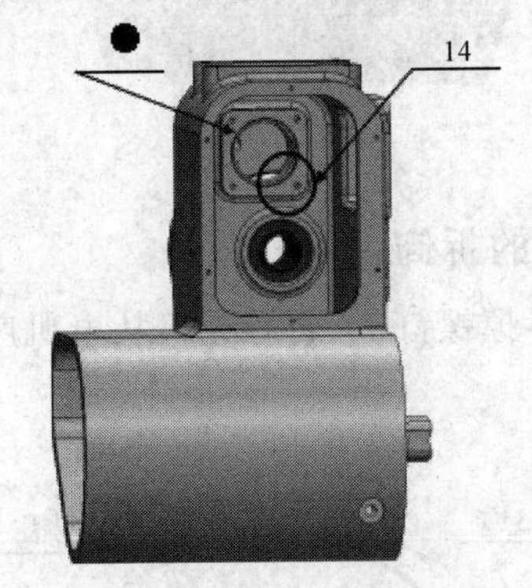

图 3-10

(5) 如图 3-11 所示，用扳手拆除螺钉 11 将 4 轴电机输入齿轮 12 从电机上取出。

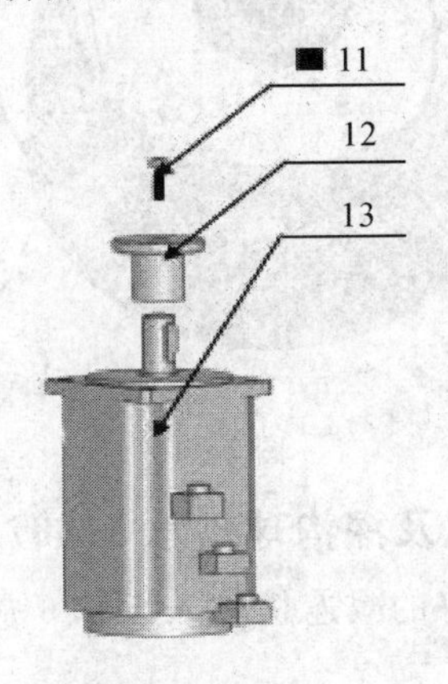

图 3-11

5. 骨架油封及孔用挡圈的拆卸

如图 3－12 所示，取出骨架油封 10，然后用孔卡钳将孔用挡圈 9 从相应的卡簧槽中取出，最后取出隔套 8。

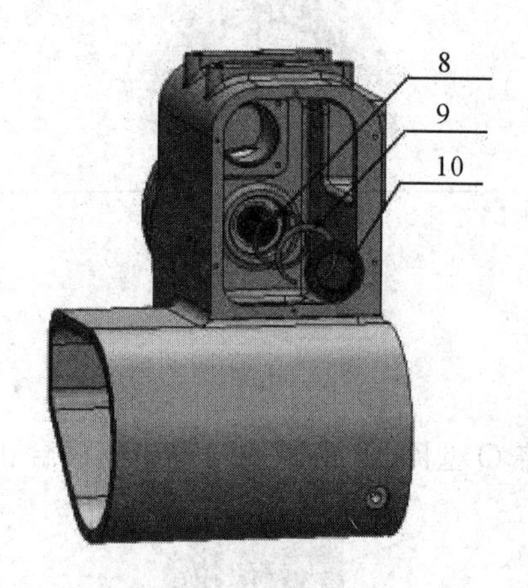

图 3－12

6. 4 轴减速机与电机座的拆卸

如图 3－13 所示，用扳手拆掉螺钉 7，将减速机从电机座上拆除，再将 O 型圈 31 从减速机相应的 O 型槽内取出。

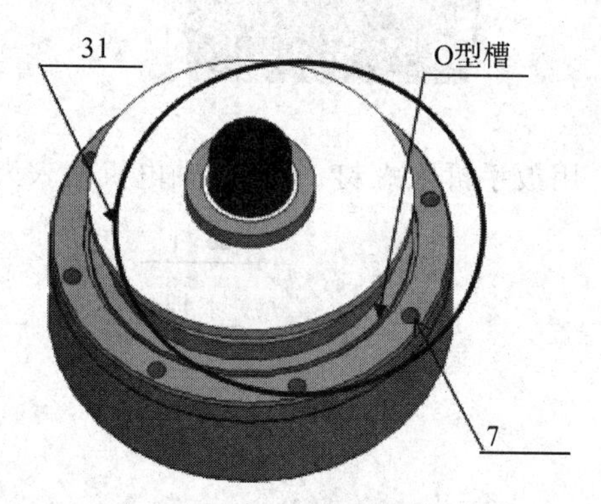

图 3－13

7. 4 轴减速机输入齿轮以及深沟球轴承 61807－2LS 的拆卸

如图 3－14 所示，先将分装好的减速机输入齿轮 6 从 4 轴减速机上拆除，再将轴承 5 从减速机输入齿轮 6 上拆除。

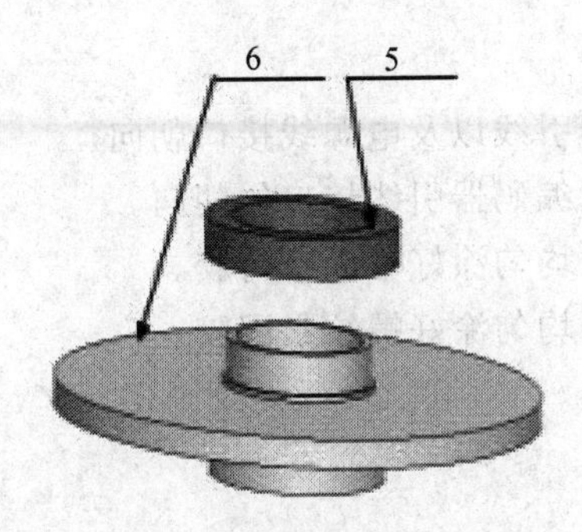

图 3 - 14

8. 4 轴减速机与过线套的拆卸

(1) 如图 3 - 15 所示，去除过线套 1 与减速机配合表面处的平面密封胶，然后用扳手拆除螺钉 3 后，再将过线套从减速机上拆除。

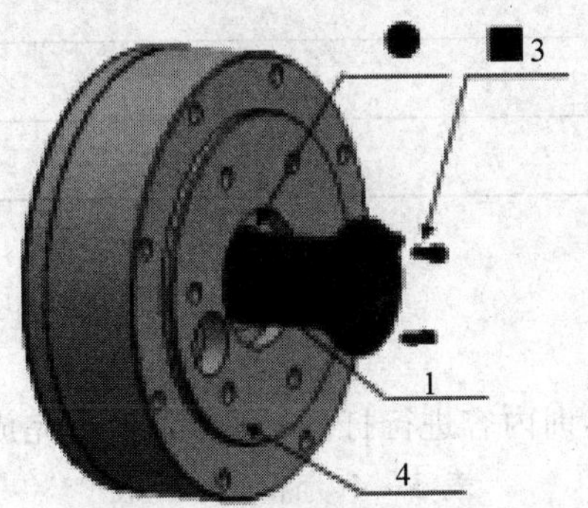

图 3 - 15

(2) 如图 3 - 16 所示，将 O 胶圈 2 从过线套相应的 O 型槽内取出。

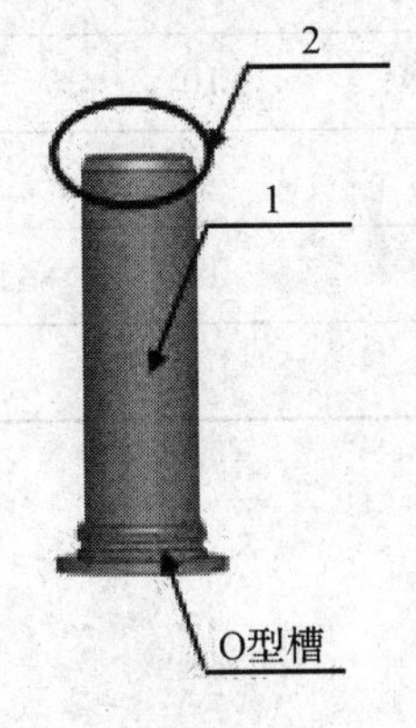

图 3 - 16

操作要点：

(1) 注意3轴电机编码器引线以及电源线接口朝向。

(2) 注意4轴电源线以及编码器引线接口的朝向。

(3) 检查“●”标记处是否均匀涂好平面密封胶。

(4) 检查“■”标记处是否均匀涂好螺纹紧固胶。

六、自我评价

本项目完成后，请按照表3-3所列内容进行自我评价。

表3-3 自我评价表

安全生产	
电机座拆卸	
团队合作	
清洁素养	

七、评分

请对表3-4所列各项实训内容进行打分，并对该项目完成情况进行总结。

表3-4 评 分 表

配分项目	配 分	得 分
安全防范	10	
实训器材与工具准备	10	
实训步骤	70	
自我评价	10	
合计	100	

项目4 管线部分拆卸

一、教学目标

1. 知识与技能

1）知识

(1) 了解机器手管线部分的拆卸要求。

(2) 熟悉机器手管线部分组成机构。

2）技能

(1) 认识机器手管线部分组成的各零部件及其拆卸、检测工具。

(2) 了解螺栓拧出规则并能正确拆除螺栓。

(3) 了解销的拆卸要求并正确拆卸销。

(4) 按照工艺规程要求，会使用各种工具拆卸机器手管线部分，并对其进行检验。

2. 过程与方法

能根据实训指导书的要求，采取小组合作的方式完成机器手管线部分的拆卸。在小组合作过程中，能合理安排工作步骤，分配工作任务，注重安全规范。能总结并展示机器手管线部分拆卸工作的收获与体验。

3. 情感、态度与价值观

乐观、积极地对待机器手管线部分的拆卸工作；严格遵守安全规范并严格按实训指导书要求的拆卸步骤进行工作；爱惜劳动工具；不挑剔团队交给自己的工作任务并承担自己的责任；能积极探讨拆卸工艺的合理性和可能存在的问题。

二、教学内容与时间安排

管线部分拆卸教学内容及时间安排如表4-1所示。

表 4-1 教学内容与时间安排

教学内容	时间
按照工序要求拆卸管线部分	80 min
拆卸完工后的处理工作并对管线部分拆卸工作进行讨论	10 min

三、安全警示

我已认真阅读机器人操作安全规范，并预习了机器手管线部分拆卸项目。针对该项目的特点，我认为在安全防范上应注意以下几点(不少于三条)：

____

____

____

签名：

四、实训器材

实训器材清单如表 4-2 所示。

表 4-2 实训器材清单

实训器材清单			
序号	零件名称	规格型号	数　量
1	线束捆扎板	—	1个
2	内六角圆柱头螺钉	M6×16	6个
3	支撑板Ⅱ	—	1个
4	支撑板Ⅰ	—	1个
5	管线包固定座	R-SHK/N	3个
6	内六角圆柱头螺钉	M8×12	6个
7	定位环	R-HSE/N 36	3个
8	穿线板	—	1块
9	内六角圆柱头螺钉	M4×10	10个

续表

实训器材清单			
序号	零件名称	规格型号	数　量
10	盖板	—	1块
11	内六角圆柱头螺钉	M4×16	6个
12	4轴盖板	—	1块
辅助材料清单			
辅助材料名称		型　号	备　注
螺纹紧固胶		ThreeBond1374	以“■”标记

五、实训步骤

1. 4轴电机后盖板的拆卸

如图4-1所示，用剪子将过线套处捆扎线缆的呢绒扎带从线束捆扎板1和支撑板Ⅰ4上剪开，然后将螺钉11拧出并将4轴盖板12从电机座上拆卸。

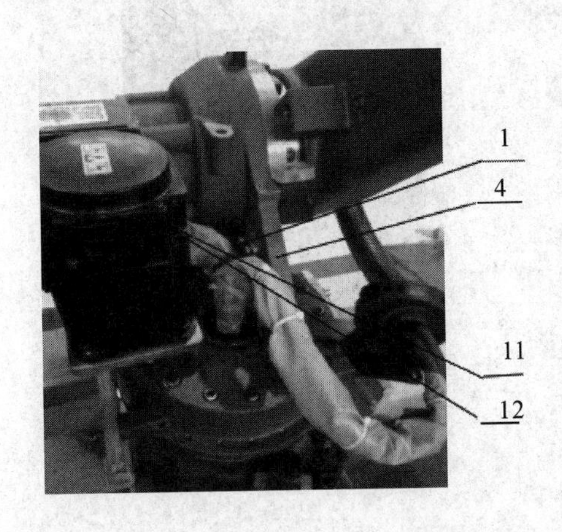

图4-1

2. 航插的拆卸

如图4-2所示，将螺钉11拧出并将盖板10从底座上拆卸，取下动力线航插和编码线航插，然后将自带的螺钉和螺母拧出并将航插从在盖板上拆卸，最后将动力线端子和编码线端子从航插上拆卸。

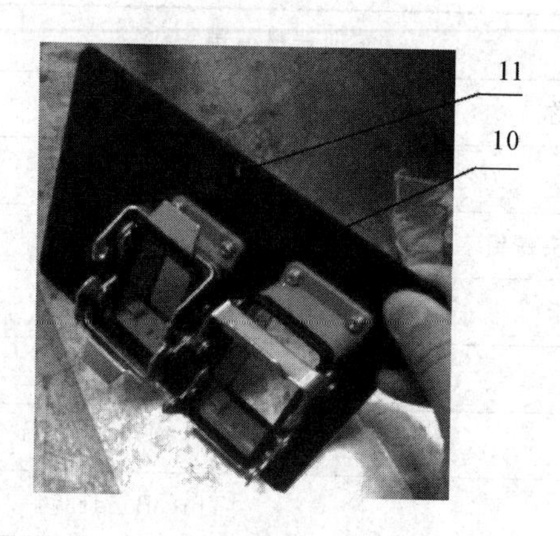

图 4-2

3. 1、2 轴电机电源线及编码线的拆卸

如图 4-3 所示，将防火布和呢绒扎带拆除，然后将 1、2 轴电机电源线及编码线从 1、2 轴电机端口上拆卸，粗的为电源线、细的为编码线。

图 4-3

4. 线缆

如图 4-4 所示，先将螺钉 9 拧出，再将穿线板 8 从电机座上拆除，最后将定位环 7 从管线包固定座 5 上拆卸。

图 4-4

5. 定位环

如图 4-5 所示，将管线拉直，然后将最后一个定位环从波纹管另一端拆除。

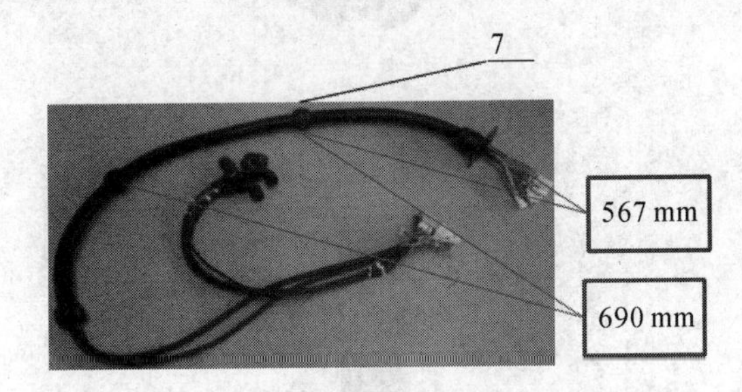

图 4-5

6. 拆除 4、5、6 轴电机的动力线和编码线

如图 4-6 所示，将 4、5、6 轴电机的动力线和编码器线从端子拆除。

图 4-6

7. 线束扎线板和支撑板管线包固定座

如图 4－7 所示，将螺钉 2 拧出并分别将线束捆扎板 1、支撑板Ⅰ4 和支撑板Ⅱ3 从转座上拆卸。如图 4－8 所示，将螺钉 6 拧出并将 3 个管线包固定座分别从大臂和转座上拆卸。

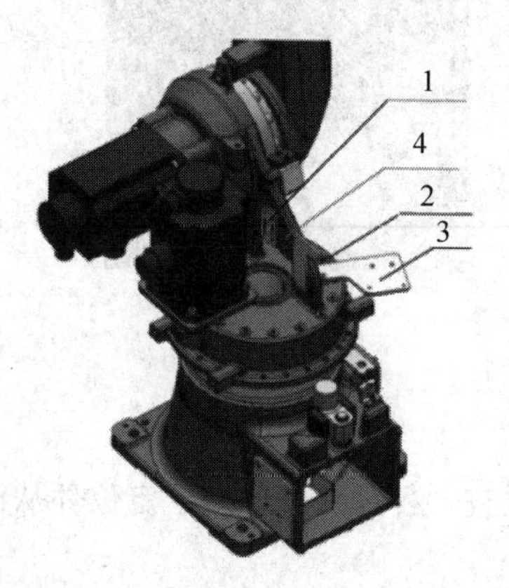

图 4－7

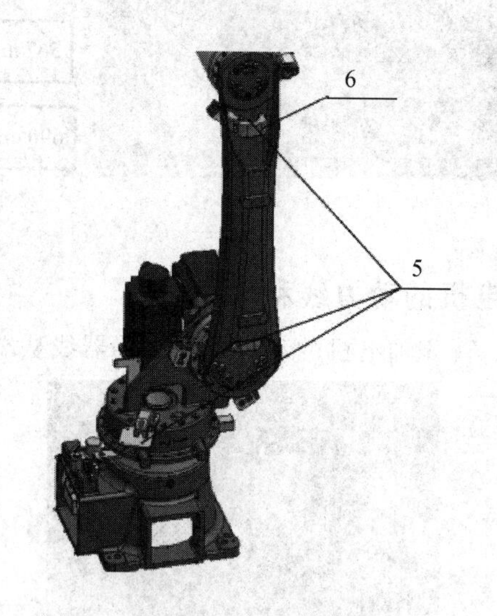

图 4－8

六、自我评价

本项目完成后，请按照表 4－3 所列内容进行自我评价。

表4-3　自我评价表

安全生产	
管线部分拆卸	
团队合作	
清洁素养	

七、评分

请对表4-4所列各项内容进行打分，并对项目完成情况进行总结。

表4-4　评　分　表

配分项目	配　分	得　分
安全防范	10	
实训器材与工具准备	10	
实训步骤	70	
自我评价	10	
合计	100	

项目5 电机座、小臂、手腕拆卸

一、教学目标

1. 知识与技能

1）知识

（1）了解机器手电机座、小臂、手腕的拆卸要求。

（2）熟悉机器手电机座、小臂、手腕组成机构。

2）技能

（1）认识机器手电机座、小臂、手腕组成的各零部件及其拆卸、检测工具。

（2）了解螺栓拧紧规则并能正确拧紧螺栓。

（3）了解密封圈的装配要求并正确安装密封圈。

（4）了解销的装配要求并正确安装销。

（5）按照工艺规程要求，会使用各种工具拆卸机器手电机座、小臂、手腕，对其进行检验。

2. 过程与方法

能根据实训指导书的要求，采取小组合作的方式完成机器手电机座、小臂、手腕的拆卸。在小组合作过程中，能合理安排工作步骤，分配工作任务，注重安全规范。能总结并展示机器手电机座、小臂、手腕拆卸工作的收获与体验。

3. 情感、态度与价值观

乐观、积极地对待机器手电机座、小臂、手腕的拆卸工作；严格遵守安全规范并严格按实训指导书要求的拆卸步骤进行工作；爱惜劳动工具；不挑剔团队交给自己的工作任务并承担自己的责任；能积极探讨拆卸工艺的合理性和可能存在的问题。

二、教学内容与时间安排

电机座、小臂、手腕拆卸教学内容及时间安排如表 5－1 所示。

表5-1　教学内容与时间安排

教学内容	时间
按照工序要求拆卸机器手电机座、小臂、手腕	80 min
拆卸完工后的处理工作并对机器手电机座、小臂、手腕的拆卸工作进行讨论	10 min

三、安全警示

我已认真阅读机器人操作安全规范，并预习了机器手电机座、小臂、手腕拆卸项目。针对该项目的特点，我认为在安全防范上应注意以下几点(不少于三条)：

____

____

____

签名：

四、实训器材与工具

实训器材与工具清单如表5-2所示。

表5　2　实训器材与工具清单

实训器材清单			
序号	零件名称	规格型号	数量
1	O型橡胶密封圈	Φ103×3.55	1个
2	内六角圆柱头螺钉	M8×30(12.9级)	18个
3	3轴限位块	—	1块
4	3轴防撞缓冲块	—	2块
5	内六角圆柱头螺钉	M4×8(12.9级)	4个
6	内六角圆柱头螺钉	M10×35(12.9级)	2个
7	小臂杆	—	1个
8	内六角圆柱头螺钉	M8×30(12.9级)	8个
9	平垫片	Φ8	16个

续表

实训器材清单			
序号	零件名称	规格型号	数　量
10	O型橡胶密封圈	Φ109×2.65	1个
11	内螺纹圆柱销	8×20(12.9级)	2个
12	O型橡胶密封圈	Φ65×2.65	1个
13	内六角圆柱头螺钉	M8×35(12.9级)	8个
14	手腕体总成	—	1个
15	4轴零点标定块Ⅰ	—	1块
16	4轴零点标定块Ⅱ	—	1块
17	内螺纹圆柱销	6×16	4个
18	内六角圆柱头螺钉	M6×16(12.9级)	2个
19	内六角螺塞	M10×1	5个
20	组合密封垫圈	Φ10	5个

工具清单		
工具名称	型　号	备　注
可调扭矩扳手、批头	QL50N、306C60	各1个
可调扭矩扳手、批头	QL100N4、408C100	各1个
可调扭矩扳手、批头	QL25N、305C60	各1个
冲杆	—	1根
大铜棒	—	1根
活动扳手6	47202	1把

辅助材料清单		
辅助材料名称	型　号	备　注
三键超级清洗剂	TB6602T	—
螺纹紧固胶	ThreeBond1374	以“■”标记
平面密封胶	ThreeBond1110F	以“●”标记

五、实训步骤

1. 手腕的拆卸

(1) 如图 5-1 所示，用吊带将手腕吊平，然后用铜棒和冲杆将圆柱销 11 敲出销孔内。

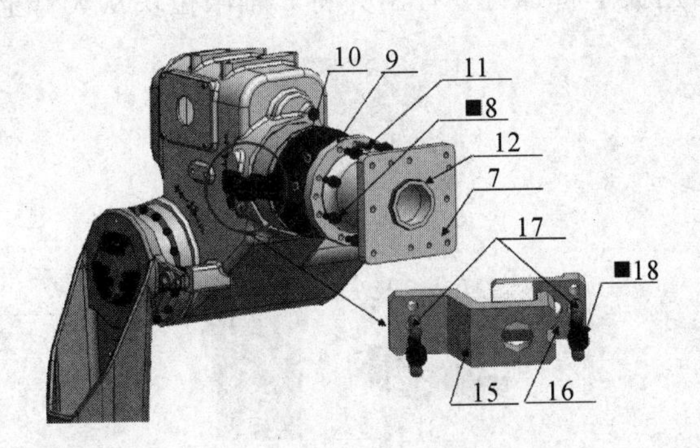

图 5-1

(2) 如图 5-2 所示，用内六角扳手将内六角螺钉 13 拧出，并将手腕从小臂杆 7 上拆除。注意用吊带吊住手腕。

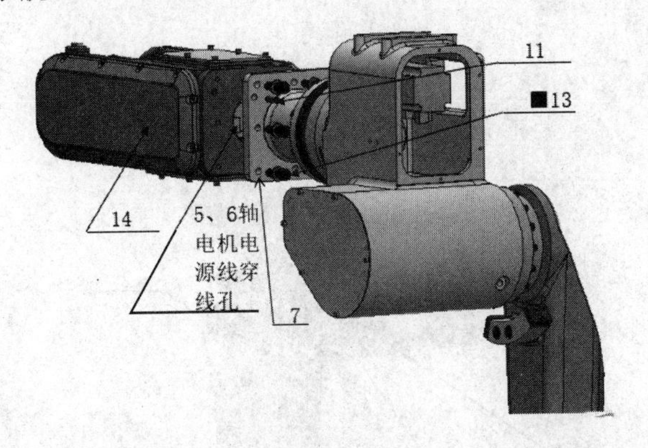

图 5-2

(3) 如图 5-1 所示，将 O 型圈 12 从小臂相应的 O 型槽中拆除。

2. 小臂杆及 4 轴零标块的拆卸

(1) 如图 5-1 所示将 O 形圈 12 从 4 轴减速机过渡板相应的槽内拆除，然后将内螺纹圆柱销 11 用冲杆和铜棒敲出销孔内，最后将内六角螺钉 8 拆除并配合平垫片 9 将小臂杆从在电机座上拆除。

(2) 如图 5-1 所示，分别将两个圆柱销 17 和一个螺钉 18 拆除并将零标块Ⅰ15 从电机座上拆除，然后将零标块Ⅱ16 从过渡板上拆除。

3. 3 轴限位块的拆卸

如图 5-3 所示，用内六角扳手将内六角螺钉 5 拧出并将两个 3 轴防撞缓冲块 4 从 3 轴限位块 3 上拆除，然后用扳手将螺钉 6 拧出并将 3 轴限位块从大臂上拆卸。

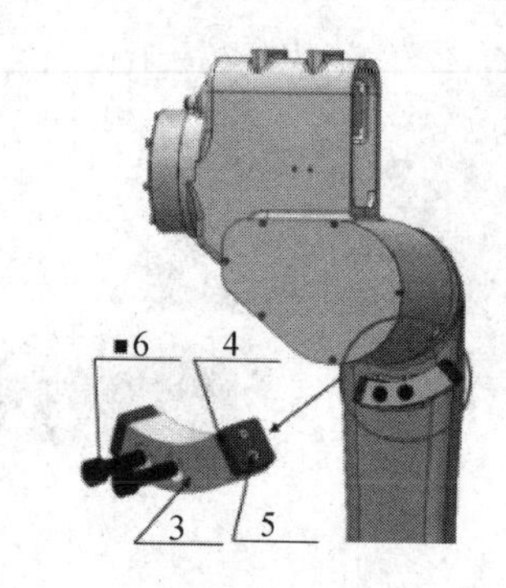

图 5-3

4. 电机座的拆卸

(1) 如图 5-4 所示，用内六角扳手将螺钉 2 拧出，然后沿着导杆将电机座从大臂上拆除。

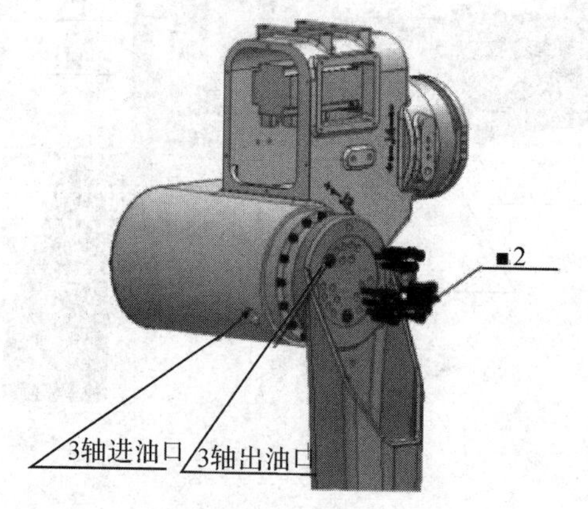

图 5-4

(2) 如图 5-5 所示，将 O 型圈 1 从大臂相应的 O 型槽内拆除，然后如图 5-2 所示，用大臂起吊工装将电机座吊平，将 M8×150 的导杆拧出图示导杆安装孔位置。

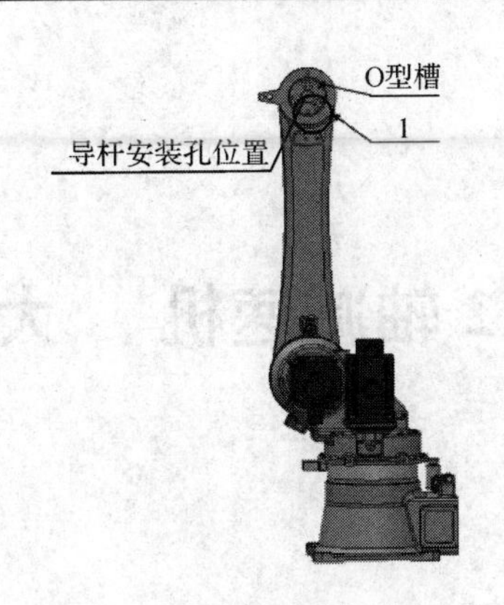

图 5 - 5

操作要点：

(1) 注意把手腕用吊带调平稳，小心掉落。

(2) 注意把大臂吊平稳，小心掉落。

六、自我评价

本项目完成后，请按照表 5 - 3 所列内容进行自我评价。

表 5 - 3　自我评价表

安全生产	
电机座、小臂、手腕的拆卸	
团队合作	
清洁素养	

七、评分

请按表 5 - 4 所列各项实训内容进行打分，并对项目完成情况进行总结。

表 5 - 4　评　分　表

配分项目	配　分	得　分
安全防范	10	
实训器材与工具准备	10	
实训步骤	70	
自我评价	10	
合计	100	

项目6 2轴减速机、大臂拆卸

一、教学目标

1. 知识与技能

1）知识

（1）了解机器手2轴减速机、大臂的拆卸要求。

（2）熟悉机器手2轴减速机、大臂的组成机构。

2）技能

（1）认识组成机器手2轴减速机、大臂的各零部件及其拆卸、检测工具。

（2）了解螺栓拧紧规则并能正确拧紧螺栓。

（3）了解密封圈的装配要求并正确安装密封圈。

（4）了解销的装配要求并正确安装销。

（5）按照工艺规程要求，会使用各种工具拆卸机器手2轴减速机、大臂，并对其进行检验。

2. 过程与方法

能根据实训指导书的要求，采取小组合作的方式完成机器手2轴减速机、大臂的拆卸。在小组合作过程中，能合理安排工作步骤，分配工作任务，注重安全规范。能总结并展示机器手2轴减速机、大臂拆卸工作的收获与体验。

3. 情感、态度与价值观

乐观、积极地对待机器手2轴减速机、大臂的拆卸工作；严格遵守安全规范并严格按实训指导书要求的拆卸步骤进行工作；爱惜劳动工具；不挑剔团队交给自己的工作任务并承担自己的责任；能积极探讨装配工艺的合理性和可能存在的问题。

二、教学内容与时间安排

2轴减速机、大臂的拆卸教学内容及时间安排如表6-1所示。

表6-1　教学内容与时间安排

教学内容	时　间
按照工序要求拆卸机器手2轴减速机、大臂	80 min
拆卸完工后的处理工作并对2轴减速机、大臂的拆卸工作进行讨论	10 min

三、安全警示

我已认真阅读机器人操作安全规范，并预习了机器手2轴减速机、大臂拆卸项目。针对该项目的特点，我认为在安全防范上应注意以下几点(不少于三条)：

____

____

____

签名：

四、实训器材与工具工装

实训器材与工具工装清单如表6-2所示。

表6-2　实训器材与工具工装清单

实训器材清单			
序号	零件名称	规格型号	数　量
1	O型橡胶密封圈	AS568－167	1个
2	2轴减速机	RV-125N-179.18	1台
3	内六角圆柱头螺钉	M10×40(12.9级)	20个
4	骨架油封	FB 55×40×8	1个
5	1轴零标块Ⅰ	—	1块
6	内六角圆柱头螺钉	M6×16(12.9级)	4个
7	1轴零标块Ⅱ	—	1块
8	内螺纹圆柱销	6×16	4个
9	1轴限位块	—	1块

续表

实训器材清单			
序号	零件名称	规格型号	数　量
10	内六角圆柱头螺钉	M10×30(12.9级)	2个
11	轴用A形弹性挡圈	Φ18	1个
12	1轴防撞缓冲块	—	2块
13	内六角圆柱头螺钉	M6×12(12.9级)	4个
14	1轴限位块转轴	—	1个
15	限位动块	—	1块
16	2轴限位块	—	2块
17	内六角圆柱头螺钉	M4×10(12.9级)	4个
18	2轴限位缓冲块	—	2块
19	内六角圆柱头螺钉	M10×35(12.9级)	21个
20	O型橡胶密封圈	AS568-163	1个
21	大臂	—	1个
22	2轴电机	R2AA13200DCP45	1个
23	内六角圆柱头螺钉	M8×50(12.9级)	1个
24	2轴电机输入齿轮	—	1个
25	O型橡胶密封圈	Φ103×3.55	1个
26	内六角圆柱头螺钉	M8×25(12.9级)	4个

工具工装清单		
工具名称	型　号	备　注
可调扭矩扳手、批头	QL100N4、408C150	各1个
可调扭矩扳手、批头	QL25N、306C90	各1个
轴用卡簧钳	72001(Φ10-40)	1个
可调扭矩扳手、批头	QL50N、306C90	各1个
可调扭矩扳手、批头	QL50N、306C250	各1个
活动扳手6	47202世达	1把

续表

工具工装清单		
工具名称	型 号	备 注
内六角扳手	—	1套
锉刀	—	1套
2轴旋转油封工装	—	1个
导杆	M10×100	2根
ER20大臂吊装	—	1个
辅助材料清单		
辅助材料名称	型 号	备 注
三键超级清洗剂	TB6602T	—
螺纹紧固胶	ThreeBond1374	以“■”标记
平面密封胶	ThreeBond1110F	以“●”标记

五、实训步骤

1. 2轴电机输入齿轮和2轴电机的拆卸

(1) 如图6-1所示，用扳手拆卸螺钉26，再将2轴电机22从转座上拆除。

(2) 如图6-2所示，用扳手拆卸螺钉23，再将2轴电机输入齿轮24从2轴电机中拆除。

图6-1

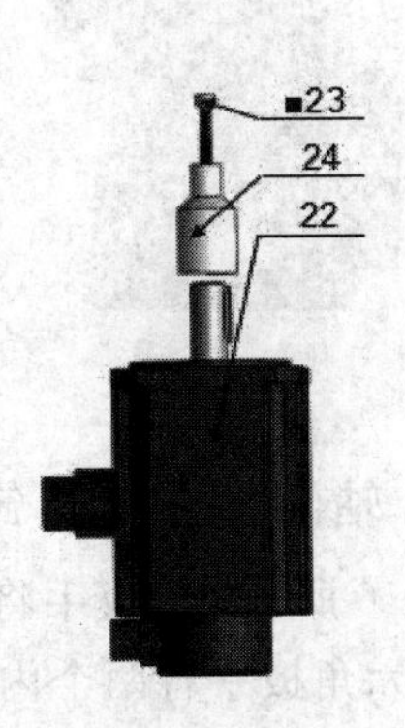

图6-2

2. 大臂的拆卸

（1）如图 6－3 所示，用扳手拆卸螺钉 19。

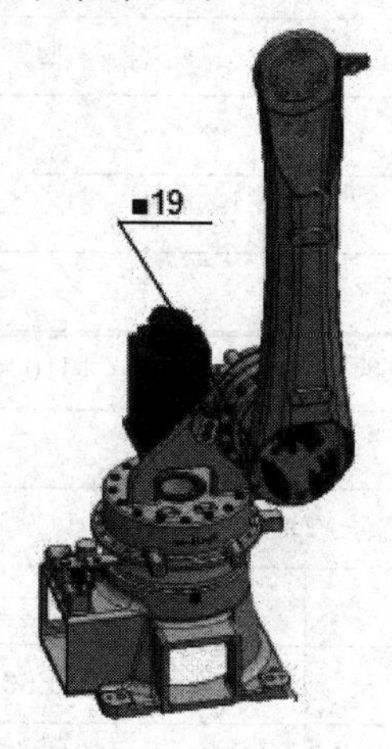

图 6－3

（2）如图 6－4 所示，将导杆拆除。

（3）如图 6－5 所示，将 O 型橡胶密封圈 20 拆除并清洗密封圈。

（4）如图 6－5 所示，用起吊工装将大臂吊出。

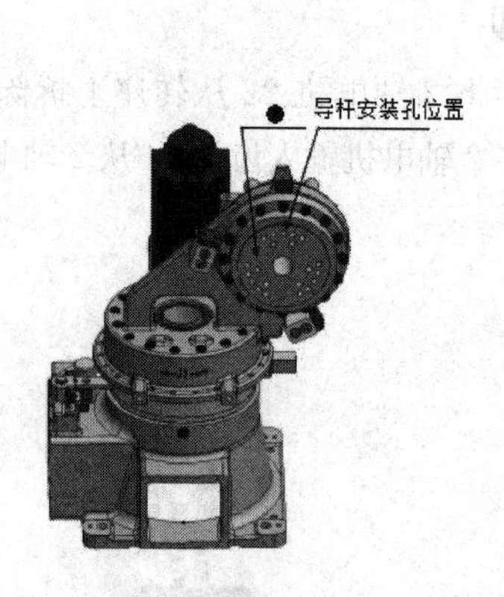

图 6－4

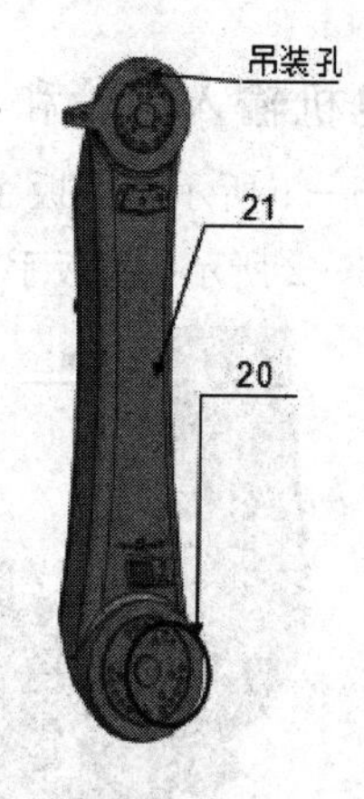

图 6－5

3. 1 轴、2 轴限位块的拆卸

（1）如图 6－6 所示，用扳手将螺钉 17 拆除并将 2 轴限位缓冲块 18 从 2 轴限位块 16 上拆除，然后用内六角扳手将两个内六角螺钉 19 拆除并将两个带有限位缓冲块的 2 轴限位块从转座拆除。

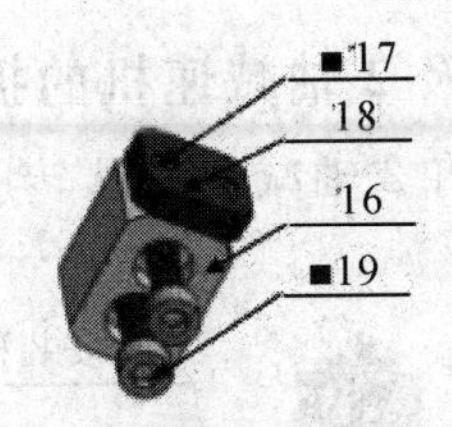

图6-6

(2) 如图6-7所示，先将带有缓冲块的限位动块15从转轴上拆除，再用轴用卡簧钳将弹性挡圈11从限位块转轴14卡环槽内拆除。接着用内六角扳手将内六角螺钉13拆除并将1轴防撞缓冲块12从限位动块15上拆除，然后将限位块转轴14螺纹一端从底座的M16的螺孔中拧出。

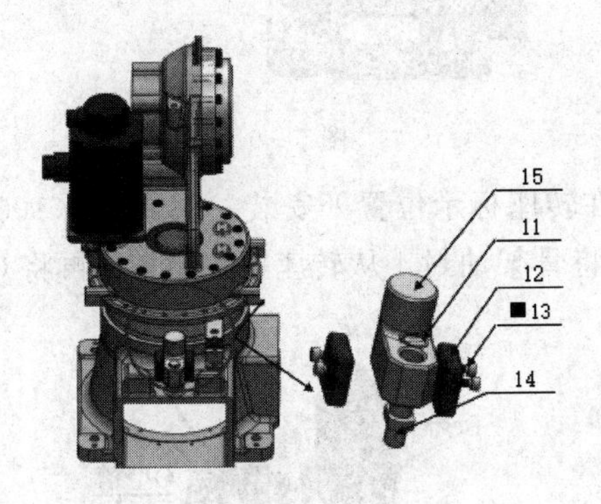

图6-7

4. 1轴零标块的拆卸

如图6-8所示，用冲杆和铜棒将两个圆柱销8敲出销孔，然后用扳手将螺钉6拧出，即可拆出1轴零标块Ⅰ5和1轴零标块Ⅱ7。

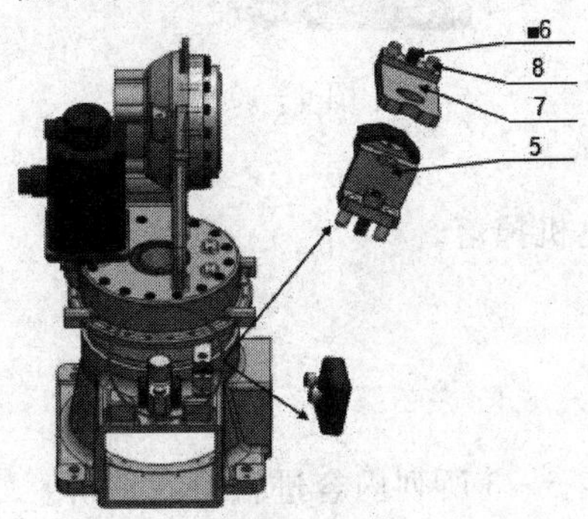

图6-8

5. 骨架油封 FB 55×40×8 及 2 轴减速机的拆卸

(1) 如图 6-9 所示，沿着导杆将 2 轴减速机从转座上拆除，再将螺钉 3 拧出并做上记号。

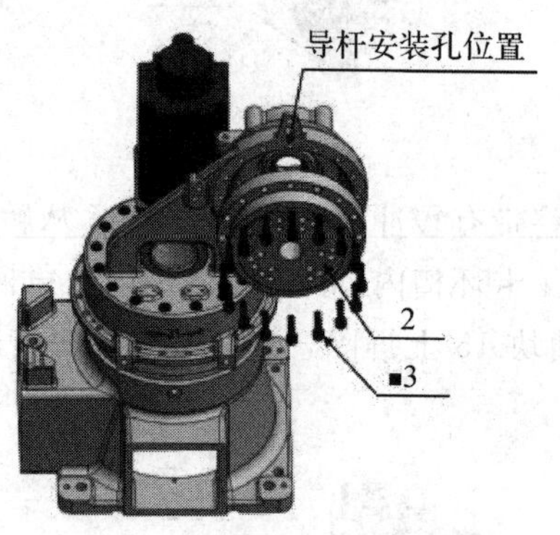

图 6-9

(2) 如图 6-9 所示，在转座标示位置处安装一根 M10×100 的导杆。

(3) 如图 6-10 所示，将骨架油封 4 从转座内侧拆除，再将 O 型橡胶密封圈 1 从转座 O 型槽内拆除。

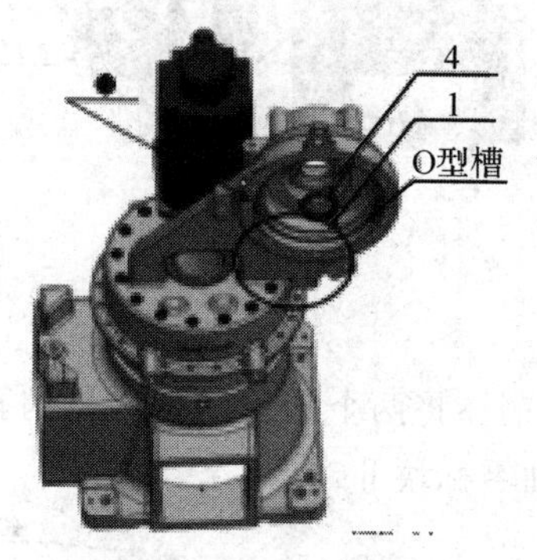

图 6-10

操作要点：

注意将大臂吊平，防止电机掉落。

六、自我评价

本项目完成后，请按照表 6-3 所列内容进行自我评价。

表6-3　自我评价表

安全生产	
2轴减速机、大臂的拆卸	
团队合作	
清洁素养	

七、评分

请对表6-4所列各项实训内容进行打分，并对项目完成情况进行总结。

表6-4　评　分　表

配分项目	配　分	得　分
安全防范	10	
实训器材与工具准备	10	
实训步骤	70	
自我评价	10	
合计	100	

项目7 底座拆卸

一、教学目标

1. 知识与技能

1）知识

（1）了解机器手底座的拆卸要求。

（2）熟悉机器手底座组成机构。

2）技能

（1）认识组成机器手底座的各零部件及其拆卸、检测工具。

（2）了解密封圈的装配要求并正确拆卸密封圈。

（3）了解销的装配要求并正确拆卸销。

（4）按照工艺规程要求，会使用各种工具拆卸机器手底座，并对其进行检验。

2. 过程与方法

能根据实训指导书的要求，采取小组合作的方式完成机器手底座的拆卸。在小组合作过程中，能合理安排工作步骤，分配工作任务，注重安全规范。能总结并展示机器手底座拆卸工作的收获与体验。

3. 情感、态度与价值观

乐观、积极地对待机器手底座的拆卸工作；严格遵守安全规范并严格按实训指导书要求的拆卸步骤进行工作；爱惜劳动工具；不挑剔团队交给自己的工作任务并承担自己的责任；能积极探讨拆卸工艺的合理性和可能存在的问题。

二、教学内容与时间安排

底座拆卸教学内容及时间安排如表7－1所示。

表7-1 教学内容与时间安排

教学内容	时间
按照工序要求拆卸机器手底座	80 min
拆卸完工后的处理工作并对机器手底座拆卸工作进行讨论	10 min

三、安全警示

我已认真阅读机器人操作安全规范，并预习机器手底座拆卸项目。针对该项目的特点，我认为在安全防范上应注意以下几点(不少于三条)：

____

____

____

签名：

四、实训器材与工具

实训器材与工具清单如表7-2所示。

表7-2 实训器材与工具清单

实训器材清单			
序号	零件名称	规格型号	数量
1	底座	—	1个
2	底座下盖板	—	1块
3	内六角圆柱头螺钉	M4×10(12.9级)	6个
4	过线套	—	1个
5	O型橡胶密封圈	Φ80×2.65	1个
6	内六角圆柱头螺钉	M6×12(12.9级)	6个
7	1轴减速机	RV-120C-36.75	1台
8	O型橡胶密封圈	AS568-165	1个
9	内六角圆柱头螺钉	M14×90(12.9级)	6个

续表

实训器材清单			
序号	零件名称	规格型号	数量
10	深沟球轴承	61816	1个
11	1轴减速机输入齿轮	—	1个
12	转座	—	1个
13	内六角圆柱头螺钉	M10×80(12.9级)	14个
14	O型橡胶密封圈	AS568-173	1个
15	孔用弹性挡圈	Φ100	1个
16	骨架油封	FB100×70×10	1个
17	隔套	—	1个
18	1轴电机过渡板	—	1块
19	内六角圆柱头螺钉	M8×25(12.9级)	5个
20	内六角圆柱销	8×22	1个
21	O型橡胶密封圈	AS568-139	1个
22	O型橡胶密封圈	Φ103×3.55	1个
23	内六角圆柱头螺钉	M8×25	4个
24	1轴电机输入齿轮	—	1个
25	1轴电机	R2AA13200DCP45	1台
26	内六角螺塞	M10×1	1个
27	组合密封圈	Φ10	1个

工具清单		
工具名称	型号	备注
扭矩扳手、批头	QL4N、M4六角批头	各1个
扭矩扳手、批头	QL25N、305C90	各1个
扭矩扳手、批头	QL420N、614C150	各1个
扭矩扳手、批头	QL50N、306C250	各1个
卡簧钳	72034(Φ65-140	1把

续表

工具上装清单		
工具名称	型　号	备　注
内六角扳手	—	1套
气枪	—	1把
锉刀	—	1套
冲杆	—	1根
大铜棒	—	1根
吊钩	—	2个
吊带	—	1根
活动扳手	47202	1把
吊环	M12	4个
辅助材料清单		
辅助材料名称	型　号	备　注
三键超级清洗剂	TB6602T	—
螺纹紧固胶	ThreeBond1374	以“■”标记
平面密封胶	ThreeBond1110F	以“●”标记
润滑脂	—	—

五、实训步骤

1. 1轴电机和1轴电机输入齿轮的拆卸

(1) 如图7-1所示，用扳手将螺钉23拧出并将1轴电机25从转座12上拆卸下来。

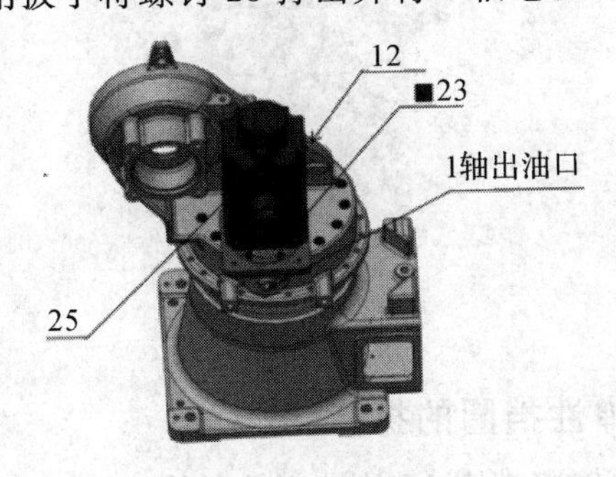

图7-1

（2）如图 7－2 所示，将 1 轴电机输入齿轮 24 从 1 轴电机 25 轴上拆卸下来。

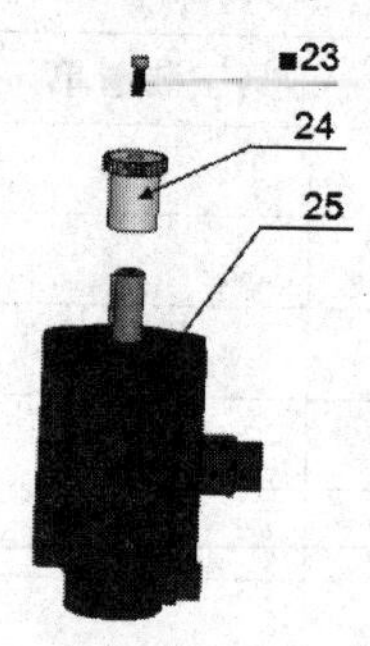

图 7－2

2. 1 轴电机过渡板的拆卸

（1）如图 7－3 所示，将 O 型圈 21 从转座相应 D60 孔的内端面上拆下。

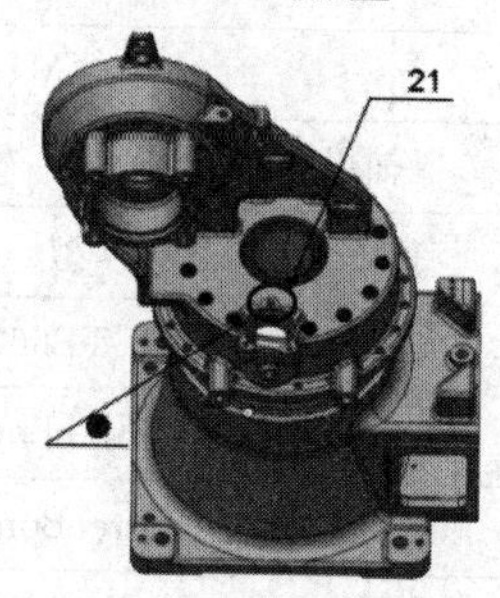

图 7－3

（2）如图 7－4 所示，用冲杆将内六角圆柱销 20 从过渡板 18 的销孔内拆下，再用扳手将螺钉 19 拧出并将过渡板从转座上拆卸下来。

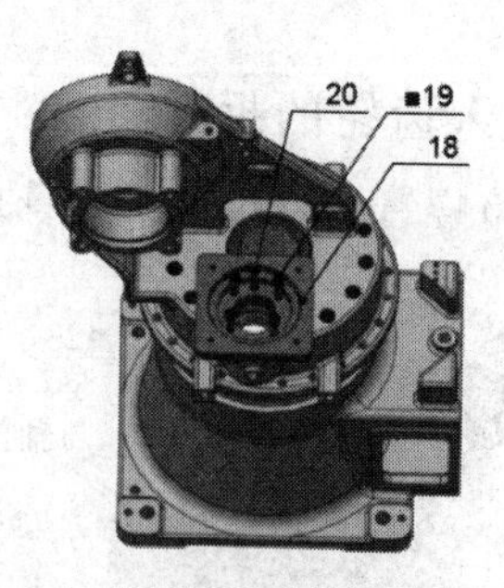

图 7－4

3. 骨架油封和孔用弹性挡圈的拆卸

如图 7－5 所示，用卡簧钳将挡圈 15 从转座的卡簧槽内拆卸，然后将隔套 17 从图 7－6

的轴承 10 上方拆下，最后将骨架油封 16 从底座 RV 套和转座之间拆下。

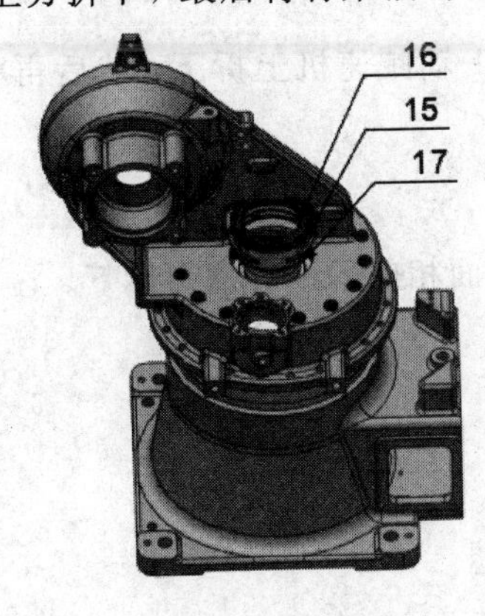

图 7-5

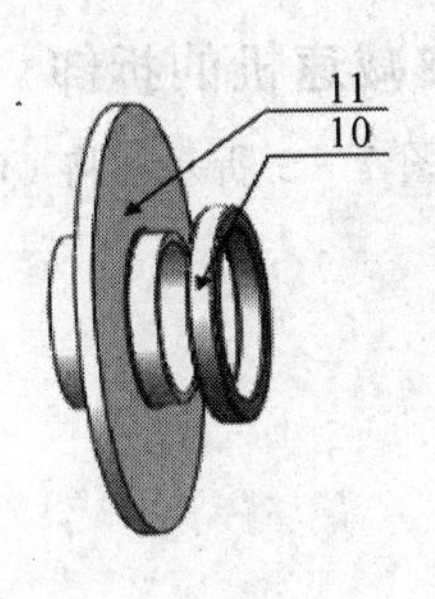

图 7-6

4. 转座的拆卸

(1) 如图 7-7 所示，将 O 型圈 14 从 1 轴减速机 7 相应的 O 型槽内拆下。

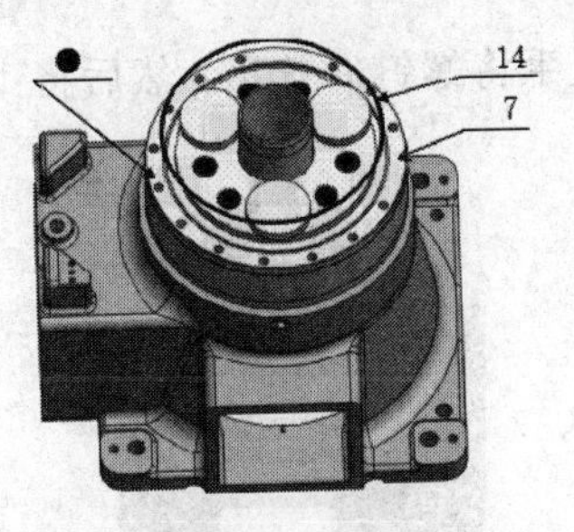

图 7-7

(2) 如图 7-8 所示，先将转座吊平，将螺钉 13 拧出，然后对准导杆孔沿着导杆将转座从 1 轴减速机上拆下。

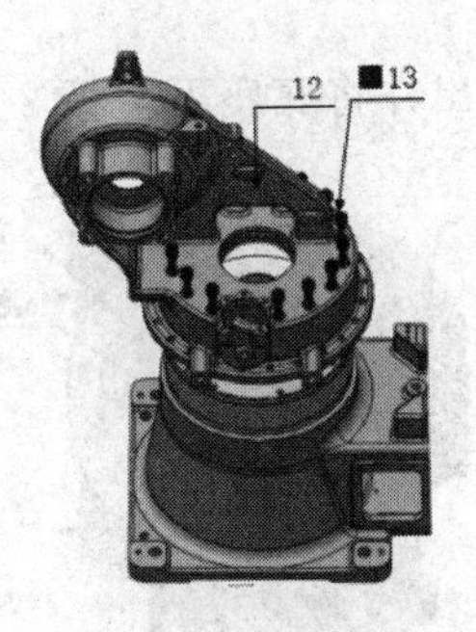

图 7-8

5. 1轴减速机输入齿轮和轴承的拆卸

如图 7-6 所示，将 1 轴减速机输入齿轮 11 从 1 轴减速机上拆下，然后再将深沟球轴承 10 从 1 轴减速机输入齿轮上拆下。

6. 1轴减速机的拆卸

（1）如图 7-9 所示，将 O 型圈 8 从减速机下表面相应的密封槽内拆下。

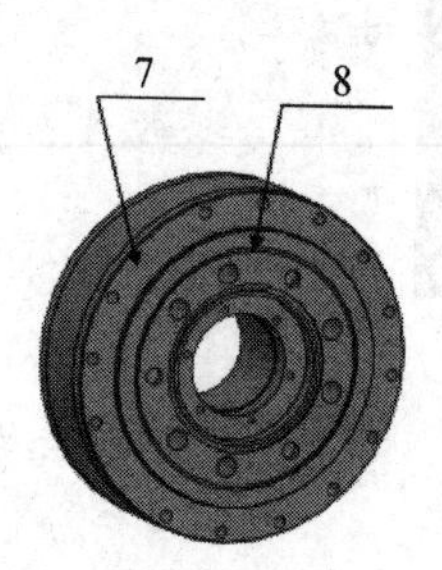

图 7-9

（2）如图 7-10 所示，用扳手将螺钉 9 拧出，然后将 1 轴减速机 7 从底座上拆下。

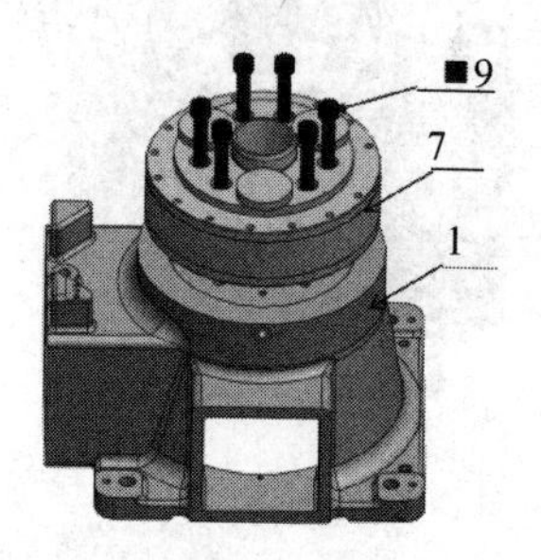

图 7-10

7. 底座下盖板的拆卸

如图 7-11 所示，将螺钉 3 拧出并将底座下盖板 2 从底座 1 上拆下。

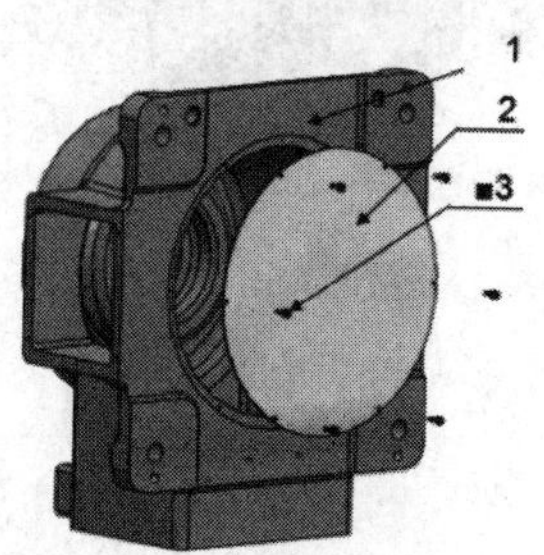

图 7-11

8. 过线套的拆卸

(1) 如图 7-12 所示，用扳手将螺钉 6 拧下并将过线套 4 从底座上拆下。

(2) 如图 7-12 所示，将 O 型圈 5 从底座相应的 O 型槽内拆下。

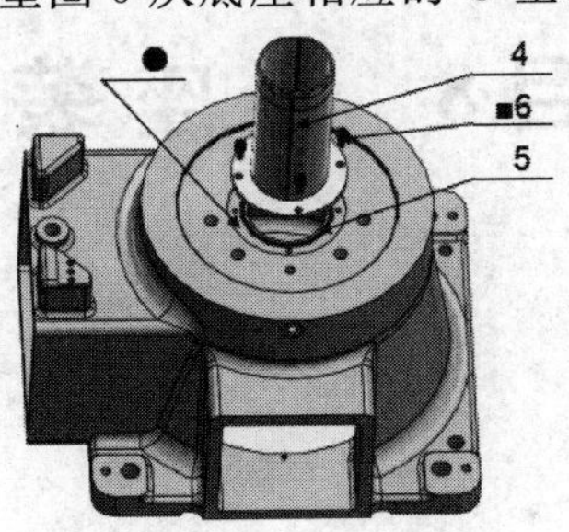

图 7-12

六、自我评价

本项目完成后，请按照表 7-3 所列内容进行自我评价。

表 7-3 自我评价表

安全生产	
底座拆卸	
团队合作	
清洁素养	

七、评分

请对表 7-4 所列各项实训内容进行打分，并对项目完成情况进行总结。

表 7-4 评 分 表

配分项目	配 分	得 分
安全防范	10	
实训器材与工具准备	10	
实训步骤	70	
自我评价	10	
合计	100	

项目8 底座装配

一、教学目标

1. 知识与技能

1）知识

（1）了解对机器手底座的装配要求。

（2）熟悉机器手底座的组成机构。

2）技能

（1）认识组成机器手底座的各零部件及其装配、检测工具。

（2）了解螺栓拧紧规则并能正确拧紧螺栓。

（3）了解密封圈的装配要求并正确安装密封圈。

（4）了解销的装配要求并正确安装销。

（5）按照工艺规程要求，会使用各种工具装配机器手底座，并对其进行检验。

2. 过程与方法

能根据实训指导书的要求，采取小组合作的方式完成机器手底座的装配。在小组合作过程中，能合理安排工作步骤，分配工作任务，注重安全规范。能总结并展示机器手底座装配工作的收获与体验。

3. 情感、态度与价值观

乐观、积极地对待机器手底座的装配工作；严格遵守安全规范并严格按实训指导书要求的装配步骤进行工作；爱惜劳动工具；不挑剔团队交给自己的工作任务并承担自己的责任；能积极探讨装配工艺的合理性和可能存在的问题。

二、教学内容与时间安排

底座装配教学内容及时间安排如表 8－1 所示。

表8-1 教学内容与时间安排

教学内容	时间
按照工序要求装配机器手底座	80 min
装配完工后的处理工作并对机器手底座装配工作进行讨论	10 min

三、安全警示

我已认真阅读机器人操作安全规范，并预习了机器手底座装配项目。针对该项目的特点，我认为在安全防范上应注意以下几点(不少于三条)：

____

____

____

签名：

四、实训器材与工具

实训器材与工具清单如表8-2所示。

表8-2 实训器材与工具清单

实训器材清单			
序号	零件名称	规格型号	数量
1	底座	—	1个
2	底座下盖板	—	1块
3	内六角圆柱头螺钉	M4×10(12.9级)	6个
4	过线套	—	1个
5	O型橡胶密封圈	Φ80×2.65	1个
6	内六角圆柱头螺钉	M6×12(12.9级)	6个
7	1轴减速机	RV-120C-36.75	1台
8	O型橡胶密封圈	AS568-165	1个
9	内六角圆柱头螺钉	M14×90(12.9级)	6个

续表

实训器材清单			
序号	零件名称	规格型号	数　量
10	深沟球轴承	61816	1个
11	1轴减速机输入齿轮	—	1个
12	转座	—	1个
13	内六角圆柱头螺钉	M10×80(12.9级)	14个
14	O型橡胶密封圈	AS568-173	1个
15	孔用弹性挡圈	Φ100	1个
16	骨架油封	FB100×70×10	1个
17	隔套	—	1个
18	1轴电机过渡板	—	1块
19	内六角圆柱头螺钉	M8×25(12.9级)	5个
20	内六角圆柱销	8×22	1个
21	O型橡胶密封圈	AS568-139	1个
22	O型橡胶密封圈	Φ103×3.55	1个
23	内六角圆柱头螺钉	M8×25	4个
24	1轴电机输入齿轮	—	1个
25	1轴电机	R2AA13200DCP45	1台
26	内六角螺塞	M10×1	1个
27	组合密封圈	Φ10	1个

工具清单		
工具名称	型　号	备　注
扭矩扳手、批头	QL4N、M4六角批头	各1个
扭矩扳手、批头	QL25N、305C90	各1个
扭矩扳手、批头	QL420N、614C150	各1个

续表

工具清单		
工具名称	型　号	备　注
扭矩扳手、批头	QL50N、306C250	各1个
卡簧钳	72034(Φ65－140)	1把
内六角扳手	—	1套
气枪	—	1把
锉刀	—	1套
冲杆	—	1根
大铜棒	—	1根
吊钩	—	2个
吊带	—	1根
活动扳手	47202	1把
吊环	M12	4个
辅助材料清单		
辅助材料名称	型　号	备　注
三键超级清洗剂	TB6602T	—
螺纹紧固胶	ThreeBond1374	以“■”标记
平面密封胶	ThreeBond1110F	以“●”标记
润滑脂	—	—

五、安装步骤

1. 底座下盖板的安装

(1) 如图8－1所示，在底座1吊装孔位置装好M12的吊环，然后用电动葫芦将底座从物料小车搬到工位小车上。

(2) 如图8－1所示，用螺钉3将底座下盖板2装配到底座1上，然后将螺钉3拧紧并做上记号。

（3）将底座 1 放平，并用螺栓固定在工位小车上。

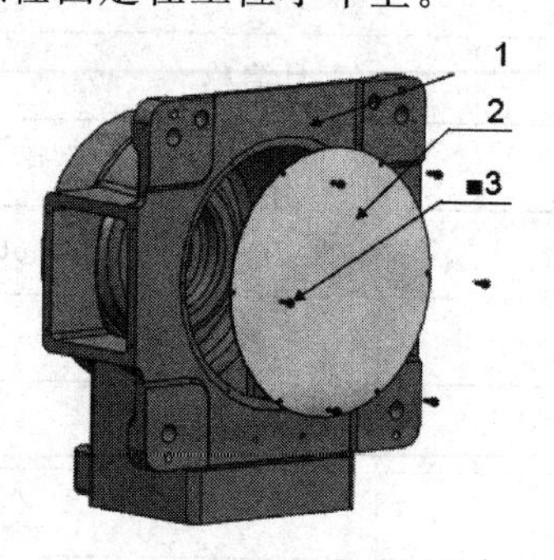

图 8－1

2. 过线套的安装

（1）如图 8－2 所示，在过线套 4 与底座配合表面均匀涂一层平面密封胶，然后将 O 型圈 5 放入底座相应的 O 型槽内。

（2）如图 8－2 所示，用螺钉 6 将过线套 4 装配在底座上，然后将螺钉 6 拧紧并做上记号。

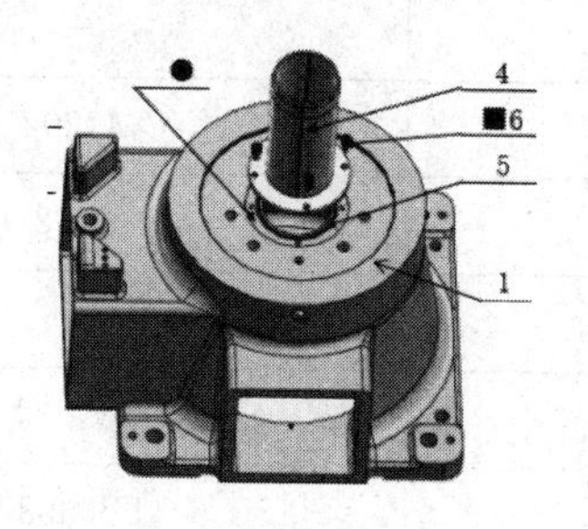

图 8－2

3. 1 轴减速机的安装

（1）如图 8－3 所示，将 O 形圈 8 安装在 1 轴减速机 7 下表面相应的密封槽内。

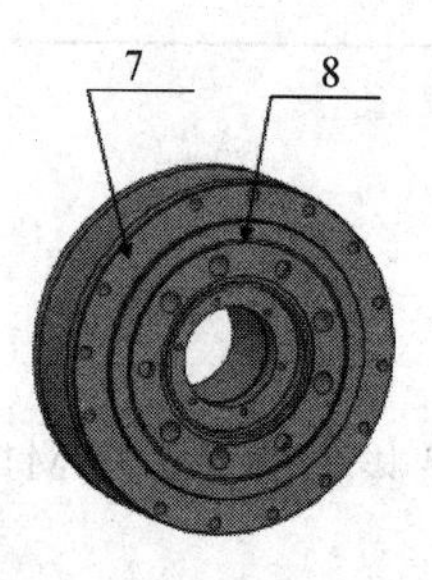

图 8－3

（2）如图 8－4 所示，在底座与 1 轴减速机配合表面均匀涂一层平面密封胶。

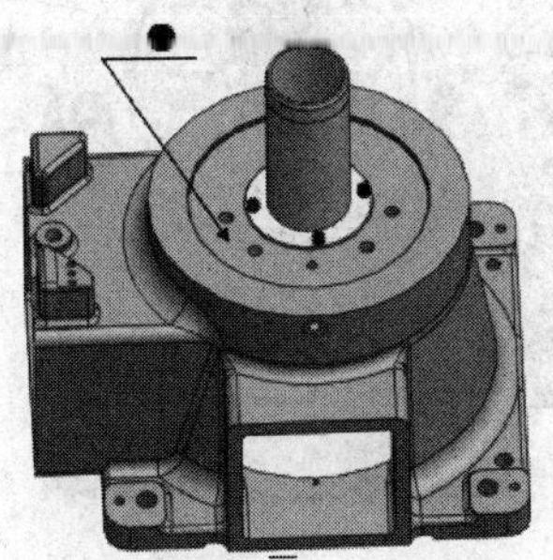

图 8－4

（3）如图 8－5 所示，用螺钉 9 将 1 轴减速机装配在底座上，然后将螺钉 9 拧紧。

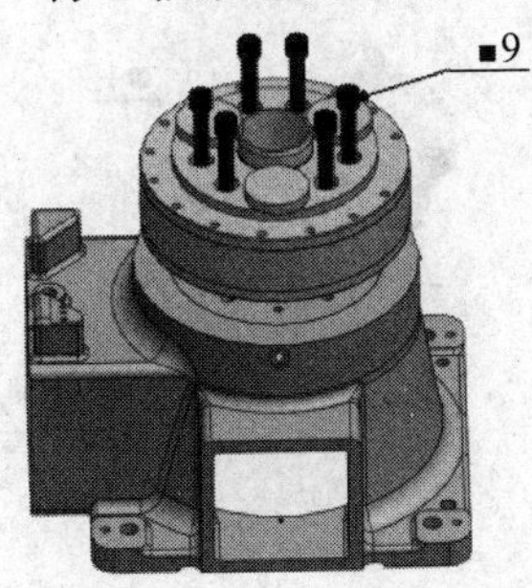

图 8－5

4. 1 轴减速机输入齿轮和轴承的安装

如图 8－6 所示，先用工装将深沟球轴承 10 装配在 1 轴减速机输入齿轮 11 上，然后将装配好的 1 轴减速机输入齿轮装配在 1 轴减速机上。

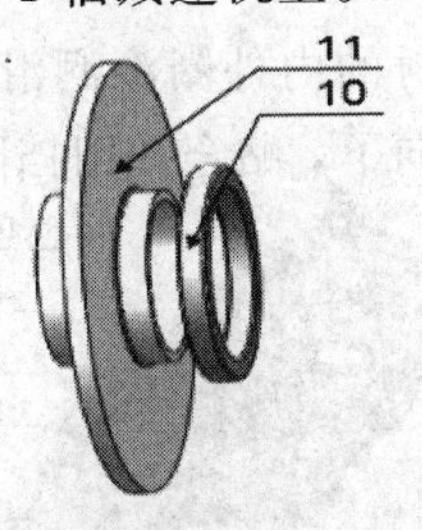

图 8－6

5. 转座的安装

（1）如图 8－7 所示，将 O 型圈 14 放入 1 轴减速机相应的 O 型槽内，然后在减速机与转座 12 的配合面上均匀涂一层平面密封胶，最后将 M10×100 的导杆安装在中心孔位置。

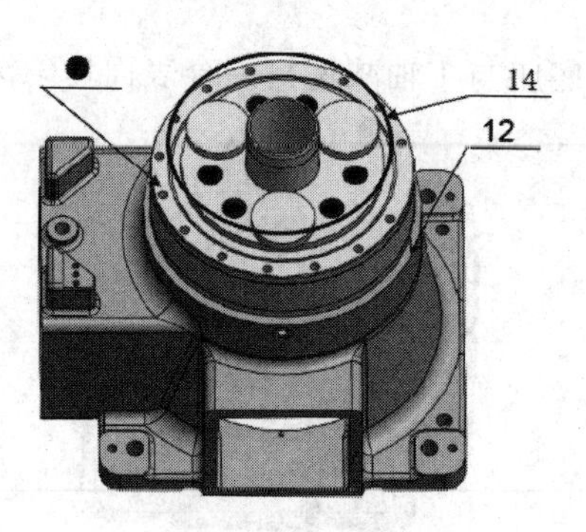

图 8-7

（2）如图 8-8 所示，先将转座吊平，对准导杆孔沿着导杆将转座装配在 1 轴减速机 7 上，然后将螺钉 13 拧紧。

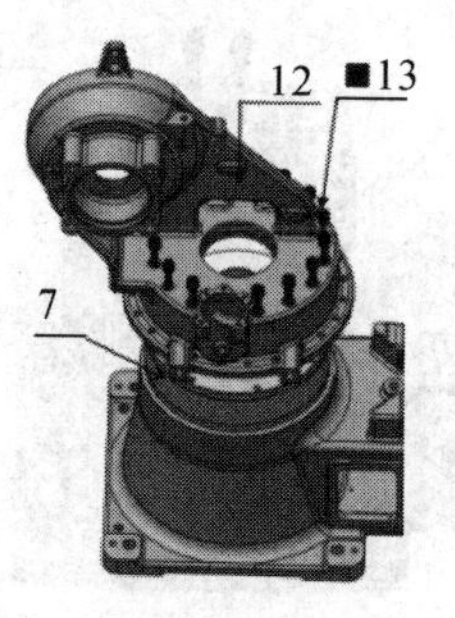

图 8-8

6. 骨架油封和孔用弹性挡圈的安装

（1）如图 8-9 所示，将隔套 17 装入深沟球轴承 10 上方，然后用卡簧钳将孔用弹性挡圈 15 安装在转座的卡簧槽内。

（2）如图 8-9 所示，在骨架油封的内外圈涂润滑脂，用工装将骨架油封 16 压入底座 RV 套和转座之间(注意密封唇方向向下，贴合孔用挡圈)。

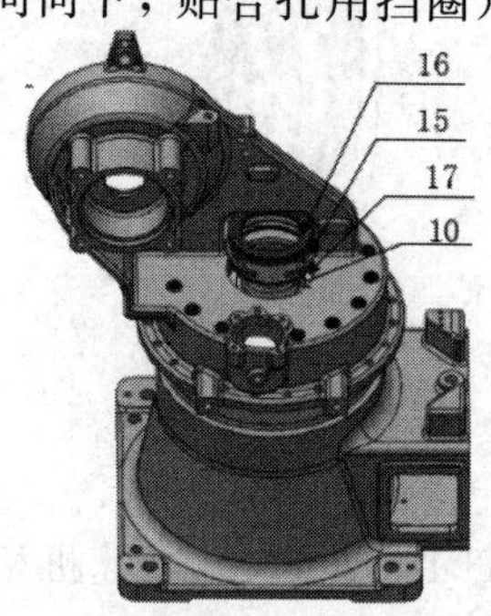

图 8-9

7. 1轴电机过渡板的安装

(1) 如图8-10所示，在1轴电机过渡板18与转座配合表面均匀涂一层平面密封胶，然后将O型圈21放入转座相应D60孔的内端面上。

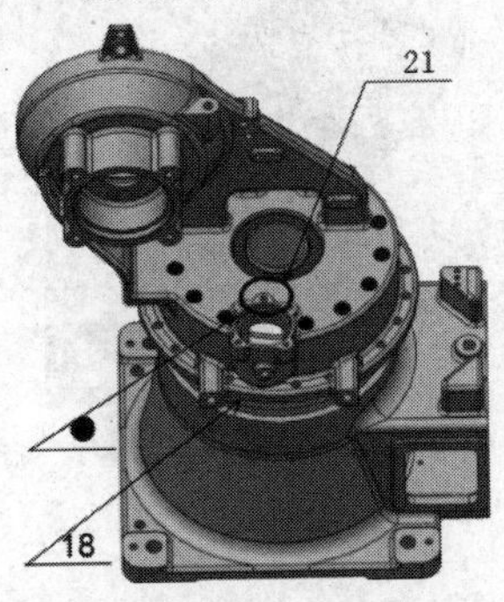

图8-10

(2) 如图8-11所示，先将1轴电机过渡板18放置在转座上。

(3) 如图8-11所示，用冲杆将内六角圆柱销20装入1轴电机过渡板的销孔内，用螺钉19将1轴电机过渡板装配在转座上并将螺钉拧紧。

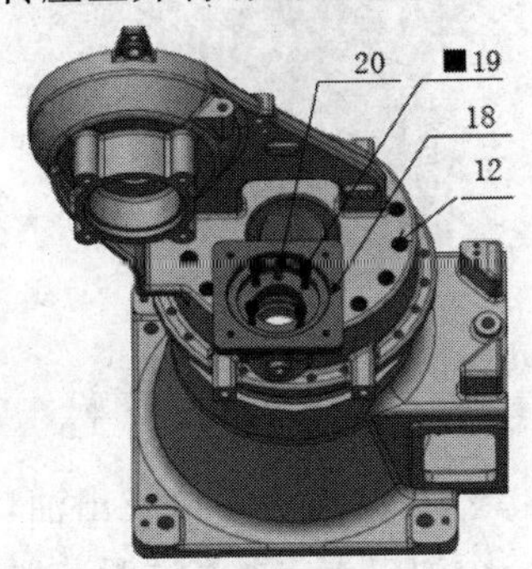

图8-11

8. 1轴电机输入齿轮和1轴电机的安装

(1) 如图8-12所示，将1轴电机输入齿轮24装配在1轴电机25轴上并用螺钉23拧紧。

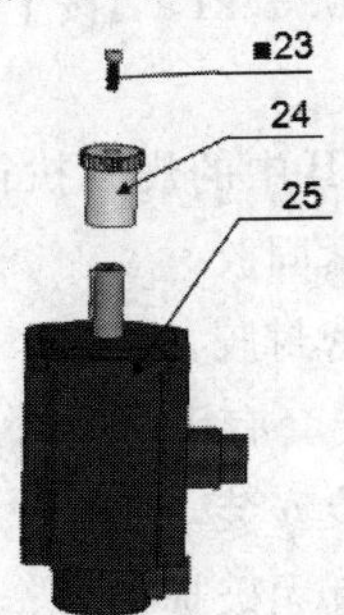

图8-12

(2) 如图 8－13 所示，在 1 轴电机过渡板与 1 轴电机的配合面上涂平面密封胶，然后将 O 型圈 22 放入过渡板 D110 孔的内端面上。

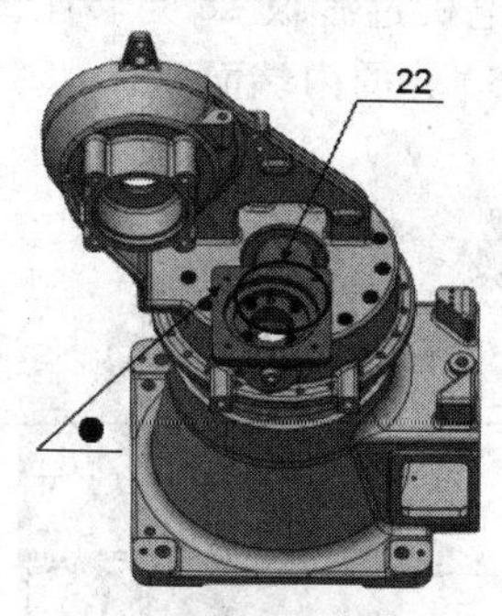

图 8－13

(3) 按图 8－14 所示，用螺钉 23 将 1 轴电机 25 装配在转座上，然后将螺钉 23 拧紧。

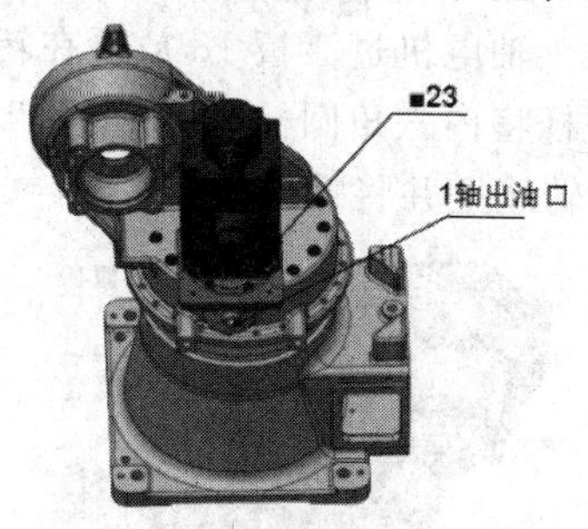

图 8－14

9. 1 轴试漏

(1) 用内六角螺塞 26 和组合垫圈 27 将进油口或出油口堵上，取一个 M10×1 的气管连接头缠好生料带，然后装在另一个油口上，再将试漏装置进气管连接上。

(2) 打开开关，将空气试漏装置低压调为(10±0.5)kPa，然后关闭开关，2 分钟后看表的气压降值，压降值在 0.1 以下为正常。

(3) 打开开关，将压力调为(30±0.5)kPa，按上述步骤再做一遍。

操作要点：

(1) 螺纹拧紧需按附录 A 及附录 B 中的规则执行。

(2) “■”标记处应均匀涂好螺纹紧固胶。

(3) “●”标记处应均匀涂好平面密封胶。

(4) 检查底座、底座下盖板及过线套有无油污(特别是配合面)，并用清洗剂清洗。

(5) 此处骨架油封要用专用的工装安装。

(6) 安装骨架油封前需先检查其有无破损。

(7) 安装骨架油封时需在骨架油封的内圈和外圈涂一层润滑脂。

(8) 注意敲入圆柱销的深度，可浮动±2 mm。

(9) 注意电机编码器引线的接口朝向。

(10) 轴试漏时先测低压后测高压。

六、自我评价

本项目完成后，请按照表8-3所列内容进行自我评价。

表8-3 自我评价表

安全生产	
底座装配	
团队合作	
清洁素养	

七、评分

请对表8-4所列各项实训内容进行打分，并对该项目完成情况进行总结。

表8-4 评 分 表

配分项目	配 分	得 分
安全防范	10	
实训器材与工具准备	10	
实训步骤	70	
自我评价	10	
合计	100	

项目9　2轴减速机、大臂安装

一、教学目标

1. 知识与技能

1）知识

（1）了解机器手2轴减速机、大臂的安装要求。

（2）熟悉机器手2轴减速机、大臂的组成机构。

2）技能

（1）认识组成机器手2轴减速机、大臂的各零部件及其装配、检测工具。

（2）了解螺栓拧紧规则并能正确拧紧螺栓。

（3）了解密封圈的装配要求并正确安装密封圈。

（4）了解销的装配要求并正确安装销。

（5）按照工艺规程要求，会使用各种工具装配机器手2轴减速机、大臂，并对其进行检验。

2. 过程与方法

能根据实训指导书的要求，采取小组合作的方式完成机器手2轴减速机、大臂的装配。在小组合作步骤中，能合理安排工作步骤，分配工作任务，注重安全规范。能总结并展示机器手2轴减速机、大臂装配工作的收获与体验。

3. 情感、态度与价值观

乐观、积极地对待机器手2轴减速机、大臂的装配工作；严格遵守安全规范并严格按实训指导书要求的装配步骤进行工作；爱惜劳动工具；不挑剔团队交给自己的工作任务并承担自己的责任；能积极探讨装配工艺的合理性和可能存在的问题。

二、教学内容与时间安排

2轴减速机、大臂的安装教学内容及时间安排如表9-1所示。

表9-1　教学内容与时间安排

教学内容	时间
按照工序要求装配机器手2轴减速机、大臂	80 min
装配完工的后处理工作并对机器手2轴减速机、大臂装配工作进行讨论	10 min

三、安全警示

我已认真阅读机器人操作安全规范，并预习了机器手2轴减速机、大臂的安装项目。针对该项目的特点，我认为在安全防范上应注意以下几点(不少于三条)：

____

____

____

签名：

四、实训器材与工具

实训器材与工具清单如表9-2所示。

表9-2　实训器材与工具清单

主要零件清单			
序号	零件名称	规格型号	数量
1	O型橡胶密封圈	AS568-167	1个
2	2轴减速机	RV-125N-179.18	1台
3	内六角圆柱头螺钉	M10×40(12.9级)	20个
4	骨架油封	FB 55×40×8	1个
5	1轴零标块Ⅰ	—	1块
6	内六角圆柱头螺钉	M6×16(12.9级)	4个
7	1轴零标块Ⅱ	—	1块
8	内螺纹圆柱销	6×16	4个
9	1轴限位块	—	1块

续表

实训器材清单			
序号	零件名称	规格型号	数 量
10	内六角圆柱头螺钉	M10×30(12.9级)	2个
11	轴用A形弹性挡圈	Φ18	1个
12	1轴防撞缓冲块	—	2块
13	内六角圆柱头螺钉	M6×12(12.9级)	4个
14	1轴限位块转轴	—	1个
15	限位动块	—	1块
16	2轴限位块	—	2块
17	内六角圆柱头螺钉	M4×10(12.9级)	4个
18	2轴限位缓冲块	—	2块
19	内六角圆柱头螺钉	M10×35(12.9级)	21个
20	O型橡胶密封圈	AS568-163	1个
21	大臂	—	1个
22	2轴电机	R2AA13200DCP45	1台
23	内六角圆柱头螺钉	M8×50(12.9级)	1个
24	2轴电机输入齿轮	—	1个
25	O型橡胶密封圈	Φ103×3.55	1个
26	内六角圆柱头螺钉	M8×25(12.9级)	4个

工具清单		
工具名称	型号	数量
可调扭矩扳手、批头	QL100N4、408C150	各1个
可调扭矩扳手、批头	QL25N、306C90	各1个
轴用卡簧钳	72001(Φ10-40)	1把
可调扭矩扳手、批头	QL50N、306C90	各1个

续表

工具清单		
工具名称	型号	数量
可调扭矩扳手、批头	QL50N、306C250	各1个
活动扳手6"	47202世达	1把
内六角扳手	—	1套
锉刀	—	1套
导杆	M10×100	2根
大铜棒	—	1根
冲杆	—	1根
辅助材料清单		
辅助材料名称	型　号	备　注
三键超级清洗剂	TB6602T	
螺纹紧固胶	ThreeBond1374	以“■”标记
平面密封胶	ThreeBond1110F	以“●”标记
润滑脂	—	—

五、实训步骤

1. 骨架油封FB 55×40×8及2轴减速机的安装

(1) 如图9-1所示，用工装将骨架油封4装配在转座内侧，唇口朝外，然后将O型橡胶密封圈1装入转座O型槽内。

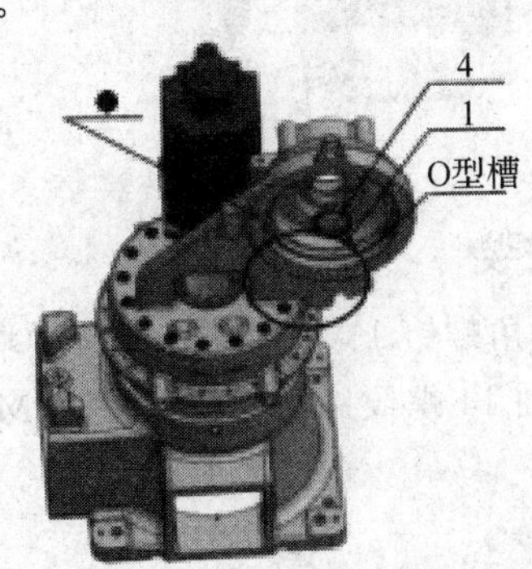

图9-1

(2) 如图 9-2 所示，在转座与 2 轴减速机 2 配合表面均匀涂一层平面密封胶。在转座标示位置处安装一根 M10×100 的导杆。

(3) 如图 9-2 所示，对准导杆孔，然后沿着导杆将 2 轴减速机装配在转座上，最后用螺钉 3 拧紧并做上记号。

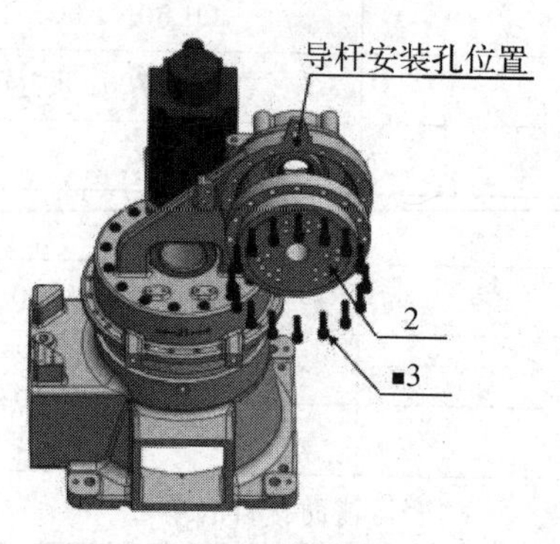

图 9-2

2. 1 轴零标块的安装

(1) 如图 9-3 所示，将 1 轴零标块 Ⅰ 5 的销孔与底座上的销孔对正，用冲杆和铜棒分别将两个圆柱销 8 敲进销孔，然后将螺钉 6 拧紧。

(2) 如图 9-3 所示按照用同样方法将 1 轴零标块 Ⅱ 7 装在转座下面。

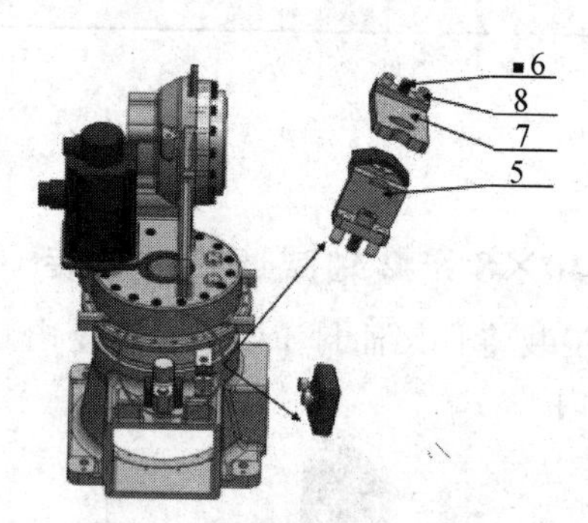

图 9-3

3. 1 轴、2 轴限位块的安装

(1) 如图 9-4 所示，用内六角螺钉 13 将 1 轴防撞缓冲块 12 装配在限位动块 15 上并将螺钉 13 拧紧，然后将限位块转轴 14 螺纹一端拧入底座的 M16 的螺孔里。

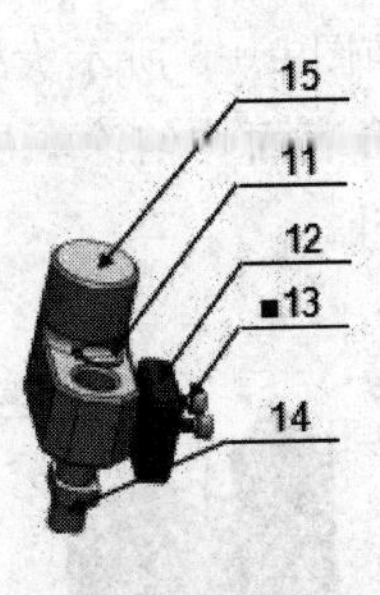

图 9－4

（2）如图 9－4 所示，将带有缓冲块的限位动块 15 套入 1 轴限位块转轴 14，再用轴用卡簧钳将弹性挡圈 11 装入限位块转轴卡环槽内。

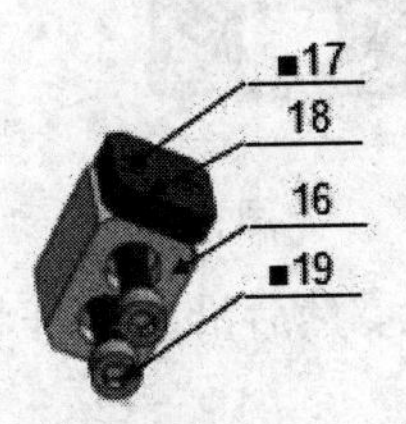

图 9－5

（3）如图 9－5 所示，用螺钉 17 将 2 轴限位缓冲块 18 装配在 2 轴限位块 16 上，然后分别用两个内六角螺钉 19 将两个带有缓冲块的 2 轴限位块 16 装配在转座上，并将螺钉拧紧。

4. 大臂的安装

（1）如图 9－6 所示，用起吊工装将大臂吊平。

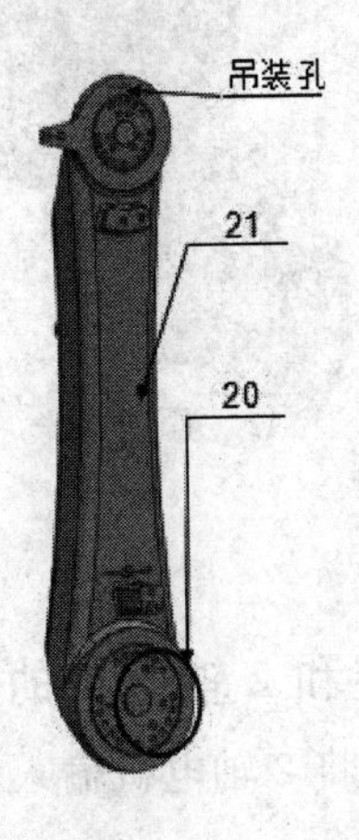

图 9－6

（2）将O型橡胶密封圈20放入如图9-6所示大臂21相应的O型槽内。

（3）先在大臂配合面和减速器配合表面均匀涂一层平面密封胶，然后在如图9-7所示导杆安装孔位置拧入M10×100的导杆。

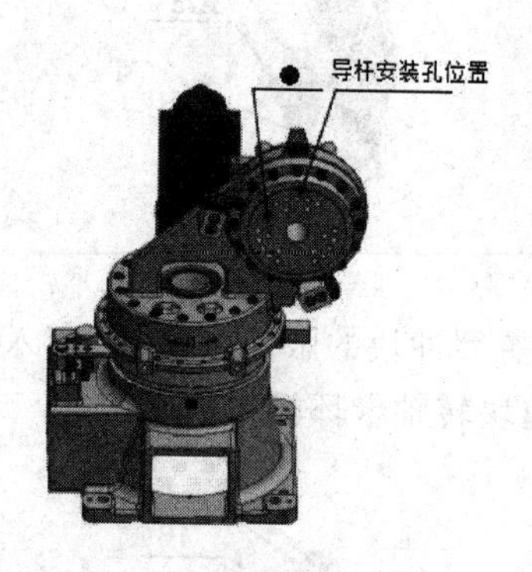

图9-7

（4）如图9-8所示，对准导杆孔，然后沿着导杆将大臂装配在2轴减速机上，最后将螺钉19拧紧。

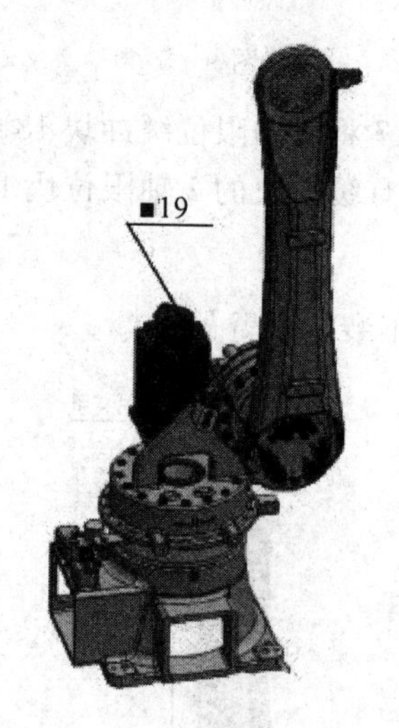

图9-8

5. 2轴电机输入齿轮的安装和2轴电机的安装

（1）如图9-9所示，用螺钉23将2轴电机输入齿轮24装入2轴电机22中，并将螺钉23拧紧。

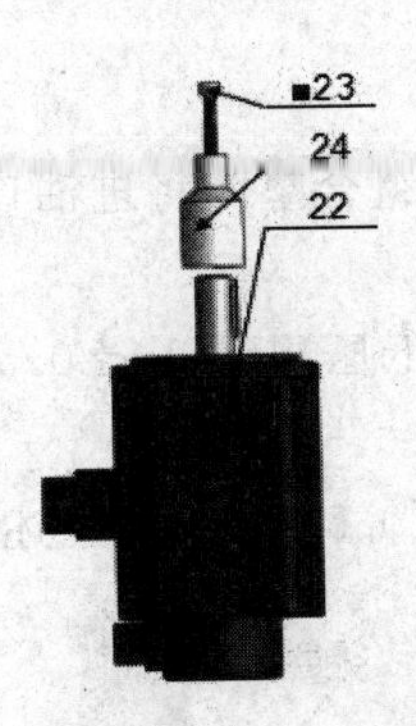

图 9－9

(2) 如图 9－10 所示，将 O 型圈 25 放入转座与 2 轴电机的定位止口面，在转座与 2 轴电机配合面上均匀涂一层密封胶。

图 9－10

(3) 如图 9－11 所示，用螺钉 26 将 2 轴电机装配在转座上，并将螺钉 26 拧紧。

图 9－11

6. 2 轴试漏

(1) 如图 9－12 用内六角螺塞和组合垫圈将进油口或出油口堵上，另一个油口接试漏装置。

(2) 打开开关，将空气试漏装置低压调到(10±0.5)kPa，然后关闭开关，2 分钟后看表的压降值，压降值在 0.1 以下为正常。

(3) 打开开关，将压力调到(30±0.5)kPa，按上述步骤再做一遍。

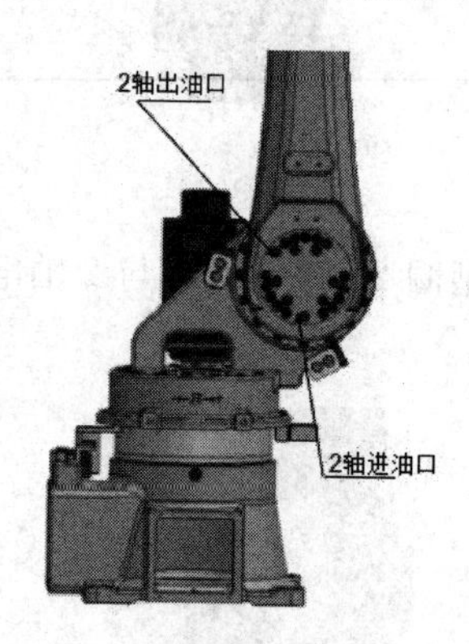

图 9－12

操作要点：

(1) 2 轴减速机安装时，要先对称安装 2 个螺钉将减速机带入，同时注意减速机方向。

(2) 螺纹拧紧需按附录 B 所示的“螺纹预紧规则”执行。

(3) 检查“■” 标记处是否均匀涂好螺纹紧固胶。

(4) 检查“●”标记处是否均匀涂好平面密封胶。

(5) O 型圈安装前需在其表面涂一层润滑脂。

(6) 注意电机编码器引线接口方向朝下。

(7) 注意轴试漏时先测低压后测高压。

六、自我评价

本项目完成后，请按照表 9－3 所列内容进行自我评价。

表9－3　自我评价表

安全生产	
2轴减速机、大臂的安装	
团队合作	
清洁素养	

七、评分

请对表9－4所列各项实训内容进行打分，并对项目完成情况进行总结。

表9－4　评　分　表

配分项目	配　分	得　分
安全防范	10	
实训器材与工具准备	10	
实训步骤	70	
自我评价	10	
合计	100	

项目10　电机座、小臂、手腕总装

一、教学目标

1. 知识与技能

1）知识

（1）了解对机器手电机座、小臂、手腕总装的要求。

（2）熟悉机器手电机座、小臂、手腕组成机构。

2）技能

（1）认识组成机器手电机座、小臂、手腕的各零部件及其装配、检测工具。

（2）了解螺栓拧紧规则并能正确拧紧螺栓。

（3）了解密封圈的装配要求并正确安装密封圈。

（4）了解销的装配要求并正确安装销。

（5）按照工艺规程要求，会使用各种工具完成机器手电机座、小臂、手腕的总装，并进行检验。

2. 过程与方法

能根据实训指导书的要求，采取小组合作的方式完成机器手电机座、小臂、手腕的总装。在小组合作过程中，能合理安排工作步骤，分配工作任务，注重安全规范。能总结并展示机器手电机座、小臂、手腕装配工作的收获与体验。

3. 情感、态度与价值观

乐观、积极地对待机器手电机座、小臂、手腕的总装工作；严格遵守安全规范并严格按实训指导书要求的装配步骤进行工作；爱惜劳动工具；不挑剔团队交给自己的工作任务并承担自己的责任；能积极探讨装配工艺的合理性和可能存在的问题。

二、教学内容与时间安排

电机座、小臂、手腕总装教学内容及时间安排如表10-1所示。

表10－1　教学内容与时间安排

教学内容	时间
按照工序要求装配机器手电机座、小臂、手腕	80 min
装配完工后的处理工作并对电机座、小臂、手腕总装工作进行讨论	10 min

三、安全警示

我已认真阅读机器人操作安全规范，并预习电机座、小臂、手腕总装项目。针对该项目的特点，我认为在安全防范上应注意以下几点(不少于三条)：

____

____

____

签名：

四、实训器材与工具

实训器材与工具清单如表10－2所示。

表10－2　实训器材与工具清单

实训器材清单			
序号	零件名称	规格型号	数量
1	O型橡胶密封圈	Φ103×3.55	1个
2	内六角圆柱头螺钉	M8×30(12.9级)	26个
3	3轴限位块	—	1个
4	3轴防撞缓冲块	—	2块
5	内六角圆柱头螺钉	M4×8(12.9级)	4个
6	内六角圆柱头螺钉	M10×35(12.9级)	2个
7	小臂杆	—	1个
8	组合密封垫圈	Φ10	5个
9	平垫片	Φ8	16个

续表

实训器材清单			
序号	零件名称	规格型号	数 量
10	O型橡胶密封圈	Φ109×2.65	1个
11	内螺纹圆柱销	8×20(12.9级)	2个
12	O型橡胶密封圈	Φ65×2.65	1个
13	内六角圆柱头螺钉	M8×35(12.9级)	8个
14	手腕体总成	—	1个
15	4轴零点标定块(Ⅰ)	—	1块
16	4轴零点标定块(Ⅱ)	—	1块
17	内螺纹圆柱销	6×16	4个
18	内六角圆柱头螺钉	M6×16(12.9级)	2个
19	内六角螺塞	M10×1	5个

工具清单		
工具名称	型 号	数 量
可调扭矩扳手、批头	QL50N、306C60	各1个
可调扭矩扳手、批头	QL100N4、408C100	各1个
可调扭矩扳手、批头	QL25N、305C60	各1个
导杆	M8×150	1根
大铜棒	—	1根
冲杆	—	1根
活动扳手6	47202	1把

辅助材料清单		
辅助材料名称	型 号	备 注
三键超级清洗剂	TB6602T	—
螺纹紧固胶	ThreeBond1374	以“■”标记
平面密封胶	ThreeBond1110F	以“●”标记
润滑脂	—	—

五、实训步骤

1. 电机座的总装

(1) 如图 10－1 和图 10－2 所示，将 O 型圈 1 放入大臂相应的 O 型槽内，然后如图 10－2所示，用大臂起吊工装将电机座吊平，在大臂与 3 轴减速机配合表面上均匀涂一层平面密封胶，最后将 M8×150 的导杆拧入图示导杆安装孔位置。

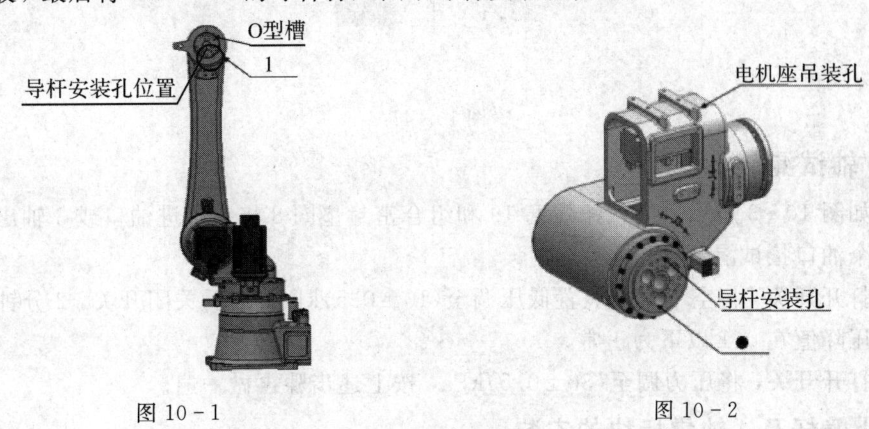

图 10－1　　　　图 10－2

(2) 如图 10－3 所示，对准导杆孔，沿着导杆将电机座装配在大臂上，然后用内六角将螺钉 2 拧紧。

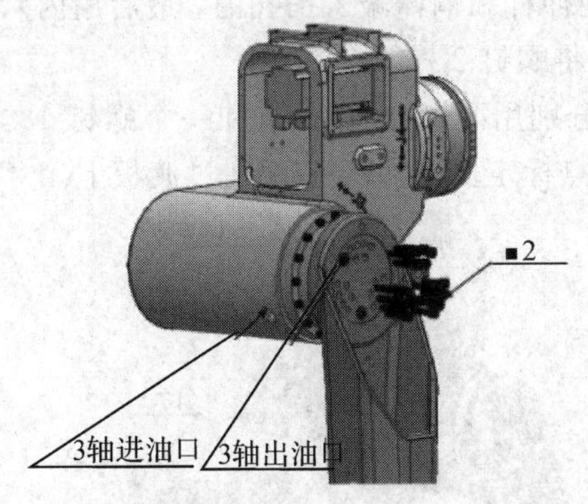

图 10－3

2. 3 轴限位块的安装

如图 10－4 所示，用内六角螺钉 5 将两个 3 轴防撞缓冲块 4 装配在 3 轴限位块 3 上，然后用螺钉 6 将装好缓冲块的 3 轴限位块 3 装配在大臂上并将螺钉 5 拧紧。

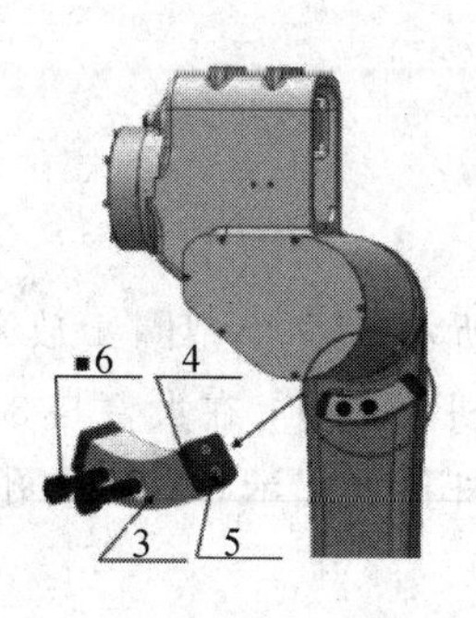

图 10-4

3. 3轴试漏

(1) 如图 10-3 所示用内六角螺塞 19 和组合密封垫圈 8 将 3 轴进油口或 3 轴出油口堵上，另一个油口接试漏装置。

(2) 打开开关，将空气试漏装置低压调至(10±0.5)kPa，然后关闭开关，2 分钟后看表压降值，压降值在 0.1 以下为正常。

(3) 打开开关，将压力调至(30±0.5)kPa，按上述步骤再做一遍。

4. 小臂杆及4轴零标块的安装

(1) 如图 10-5 所示将 O 形圈 10 表面涂一层润滑脂，装入 4 轴减速机过渡板相应的槽内，再将内螺纹圆柱销 11 用冲杆和铜棒敲入销孔内，最后用内六角螺钉 2 配合平垫片 9 将小臂杆 7 装配在电机座上并将螺钉 2 拧紧。

(2) 如图 10-5 所示，分别用两个圆柱销 17 和一个螺钉 18 将 4 轴零点标定块(Ⅰ)15 装配在电机座上，将 4 轴零点标定块(Ⅱ)16 装配在过渡板上。

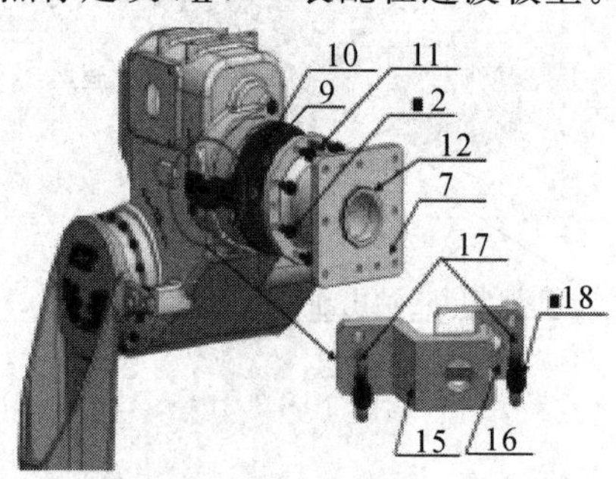

图 10-5

5. 手腕的总装

(1) 如图 10－5 所示，将 O 型圈 12 放入分装好的小臂相应的 O 型槽中。

(2) 如图 10－5 所示，用吊带将手腕吊平，然后用铜棒和冲杆将圆柱销 11 敲入销孔内。

(3) 如图 10－5 所示，将内六角螺钉 2 配合平垫片将手腕装配在小臂杆上。

6. 1～5 轴注润滑脂

如图 10－6、图 10－7、图 10－8 所示，分别用气动泵向 J1～J5 轴进油口加油，直至加到规定加油量为止，加油量如下：

(1) J1 轴加油量为(700±10)ml。

(2) J2 轴加油量为(800±10)ml。

(3) J3 轴加油量为(320±10)ml。

(4) J4 轴加油量为(200±10)ml。

(5) J5 轴加油量为(50±5)ml。

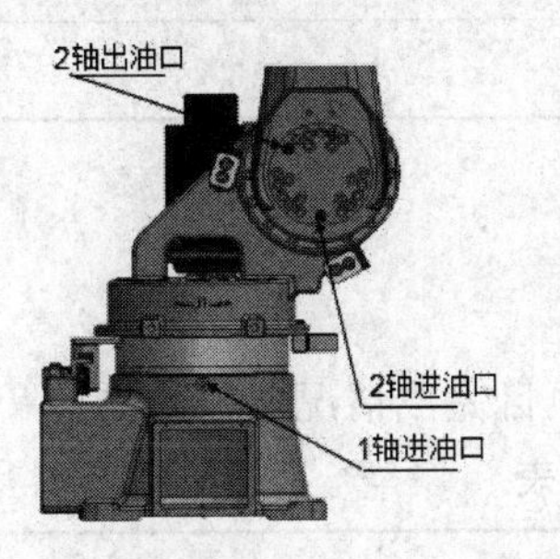

图 10－6

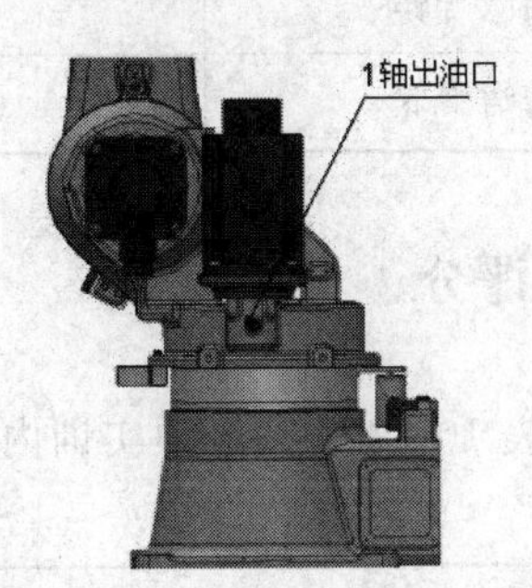

图 10－7

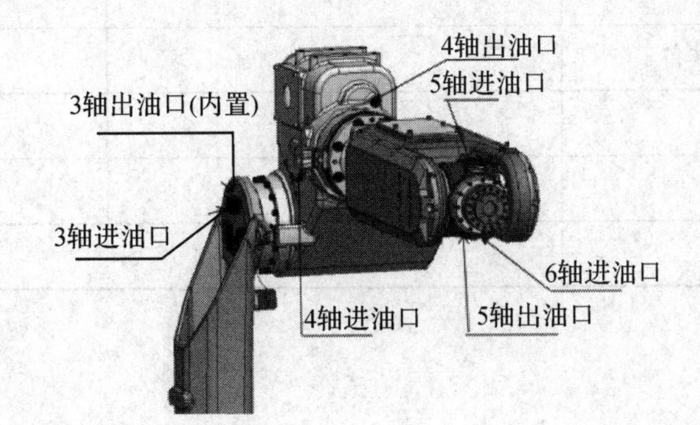

图 10－8

操作要点：

(1) 螺纹拧紧需按附录 B“螺纹预紧规则”执行。

(2) 检查“■” 标记处是否均匀涂好螺纹紧固胶。

(3) 检查"●"标记处是否均匀涂好平面密封胶。

(4) O 型圈安装前，需要在其表面涂一层润滑脂。

(5) 轴试漏时先测低压后测高压。

(6) 本项目加油量应严格按照上页规定的加油量执行。

六、自我评价

本项目完成后，请按照表 10－3 所列内容进行自我评价。

表 10－3　自我评价表

安全生产	
电机座、小臂、手腕总装	
团队合作	
清洁素养	

七、评分

请对表 10－4 所列各项实训内容进行打分，并对项目完成情况进行总结。

表 10－4　评　分　表

配分项目	配　分	得　分
安全防范	10	
实训器材与工具准备	10	
实训步骤	70	
自我评价	10	
合计	100	

项目11　管线部分安装

一、教学目标

1. 知识与技能

1）知识

(1) 了解机器手管线部分的安装要求。

(2) 熟悉机器手管线部分组成机构。

2）技能

(1) 认识机器手管线部分组成的各零部件及其装配、检测工具。

(2) 了解螺栓拧紧规则并能正确拧紧螺栓。

(3) 了解密封圈的装配要求并能正确安装密封圈。

(4) 了解销的装配要求并能正确安装销。

(5) 按照工艺规程要求，会使用各种工具装配机器手管线部分，并对其进行检验。

2. 过程与方法

能根据实训指导书的要求，采取小组合作的方式完成机器手管线部分的装配。在小组合作过程中，能合理安排工作步骤，分配工作任务，注重安全规范。能总结并展示机器手管线部分装配工作的收获与体验。

3. 情感、态度与价值观

乐观、积极地对待机器手管线部分的装配工作；严格遵守安全规范并严格按实训指导书要求的装配步骤进行工作；爱惜劳动工具；不挑剔团队交给自己的工作任务并承担自己的责任；能积极探讨装配工艺的合理性和可能存在的问题。

三、教学内容与时间安排

管线部分安装教学内容及时间安排如表11－1所示。

表 11-1 数学内容与时间安排

教学内容	时间
按照工序要求装配机器手管线部分	80 min
装配完工后的处理工作并对管线部分装配工作进行讨论	10 min

三、安全警示

我已认真阅读机器人操作安全规范，并预习了机器手管线部分安装项目。针对该项目的特点，我认为在安全防范上应注意以下几点(不少于三条)：

____

____

____

签名：

四、实训器材

实训器材清单如表 11-2 所示。

表 11-2 实训器材清单

主要零件清单			
序号	零件名称	规格型号	数量
1	线束捆扎板	—	1块
2	内六角圆柱头螺钉	M6×16	6个
3	支撑板Ⅱ	—	1个
4	支撑板Ⅰ	—	1个
5	管线包固定座	R-SHK/N	3个
6	内六角圆柱头螺钉	M8×12	6个
7	定位环	R-HSE/N 36	3个
8	穿线板	—	1块

续表

主要零件清单			
序号	零件名称	规格型号	数　量
9	内六角圆柱头螺钉	M4×10	4个
10	盖板	—	1块
11	内六角圆柱头螺钉	M4×16	6个
12	4轴盖板	—	1块

辅助材料清单		
辅助材料名称	型　号	备　注
螺纹紧固胶	ThreeBond1374	以“■”标记

五、实训步骤

1. 给4、5、6轴电机装配端子

如图11-1所示。将4、5、6轴电机的动力线和编码器线配上端子。

图11-1

2. 线束扎线板和支撑板管线包固定座的安装

如图11-2所示，用螺钉2分别将扎线板1、支撑板Ⅰ4和支撑板Ⅱ3安装在转座上。如图11-3所示，用螺钉6将3个管线包固定座5分别安装大臂和转座上。

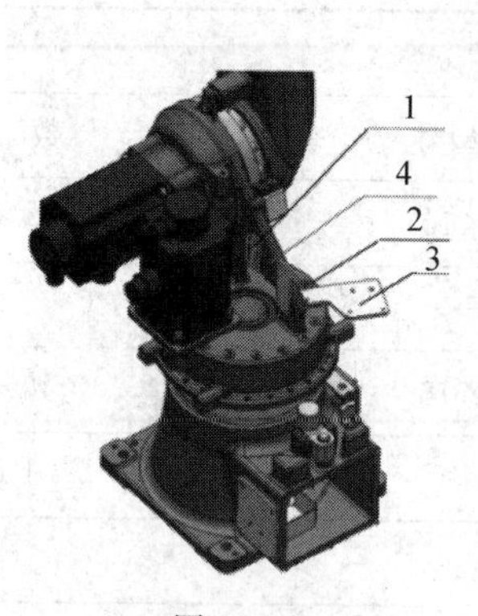

图 11-2

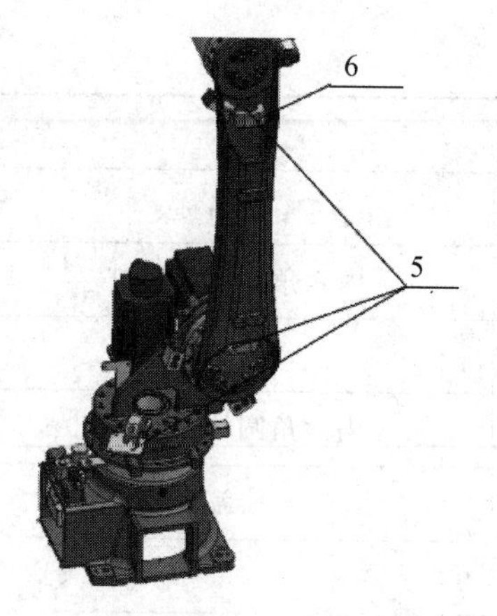

图 11-3

3. 管接头的装配

如图 11-4 所示，取一套管线包，拧下一端的 KGM 螺母，将穿线板装上再用 KGM 螺母压紧。

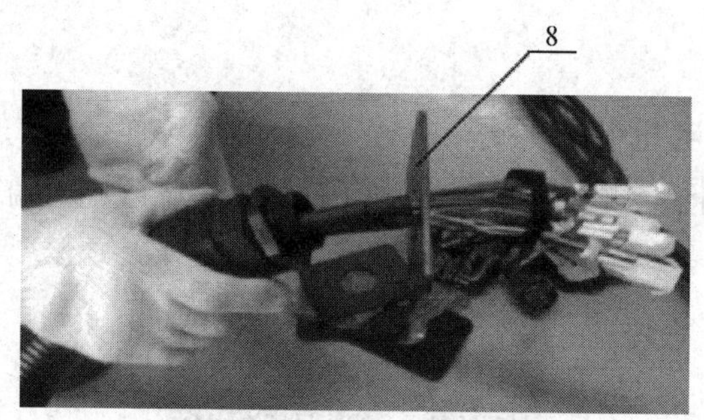

图 11-4

4. 定位环的安装

如图 11-5 所示，将管线拉直，从穿线板开始用卷尺量取两段长度并用记号笔做好记号，用自带的螺钉将 2 个定位环 7 安装在记号处，然后将最后一个定位环安装在波纹管另一端处。

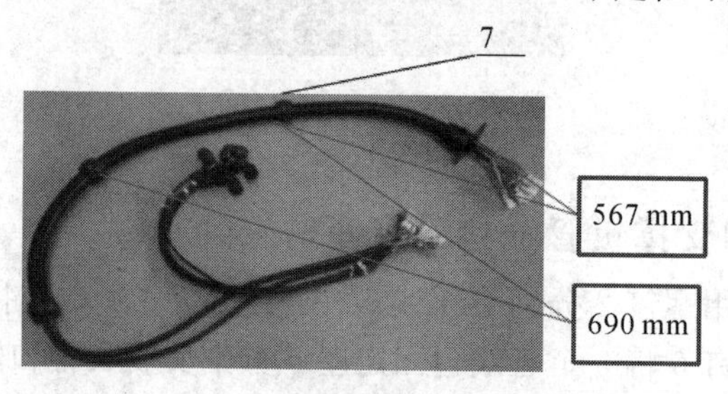

图 11-5

5. 线缆的安装

如图 11－6 所示，用螺钉 9 将穿线板 8 安装在电机座上，然后将管线包另一端穿过大臂，将定位环固定在管线包固定座上。

图 11－6

6. 1、2 轴电机电源线及编码线的安装

如图 11－7 所示，先用防火布和呢绒扎带将裸露在外的线缆包好，然后将 1、2 轴电机电源线及编码线接在 1、2 轴电机端口上，粗的为电源线、细的为编码线，如图 11－8 所示，安装时注意缺口应该对好。

图 11－7

图 11－8

7. 航插的安装

如图 11－9 所示，取动力线航插和编码线航插，然后用自带的螺钉和螺母将航插安装

在盖板 10 上，再将动力线端子和编码线端子安装用自带螺钉安装在航插上，然后用螺钉 9 将盖板安装在底座上。

图 11－9

8. 4 轴电机后盖板的安装

如图 11－10 所示，用呢绒扎带将过线套处的线缆固定在线束捆扎板 1 和支撑板 I 上，然后用螺钉 11 将 4 轴盖板 12 安装在电机座上。

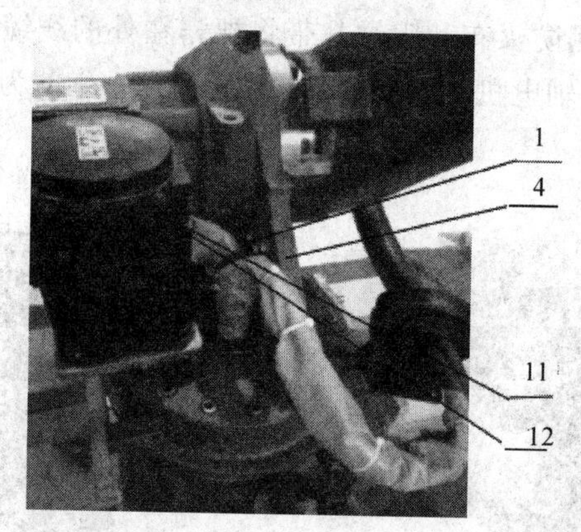

图 11－10

六、自我评价

本项目完成后，请按照表 11－3 所列内容进行自我评价。

表11-3 自我评价表

安全生产	
管线部分安装	
团队合作	
清洁素养	

七、评分

请对表11-4所列各项实训内容进行打分，并对项目完成情况进行总结。

表11-4 评 分 表

配分项目	配 分	得 分
安全防范	10	
实训器材与工具准备	10	
实训步骤	70	
自我评价	10	
合计	100	

项目12　电机座分装

一、教学目标

1. 知识与技能

1）知识

（1）了解对机器手电机座分装的要求。

（2）熟悉机器手电机座分装组成机构。

2）技能

（1）认识组成机器手电机座分装的各零部件及其装配、检测工具。

（2）了解螺栓拧紧规则并能正确拧紧螺栓。

（3）了解密封圈的装配要求并能正确安装密封圈。

（4）了解销的装配要求并能正确安装销。

（5）按照工艺规程要求，会使用各种工具完成机器手电机座分装的装配，并对其进行检验。

2. 过程与方法

能根据实训指导书的要求，采取小组合作的方式完成机器手电机座分装的装配。在小组合作过程中，能合理安排工作步骤，分配工作任务，注重安全规范。能总结并展示机器手电机座分装装配工作的收获与体验。

3. 情感、态度与价值观

乐观、积极地对待机器手电机座分装的装配工作；严格遵守安全规范并严格按实训指导书要求的装配步骤进行工作；爱惜劳动工具；不挑剔团队交给自己的工作任务并承担自己的责任；能积极探讨装配工艺的合理性和可能存在的问题。

二、教学内容与时间安排

电机座分装教学内容与时间安排如表12－1所示。

表 12－1　教学内容与时间安排

教学内容	时间
按照工序要求装配机器手电机座分装	80 min
装配完工后的处理工作并对机器手电机座装配工作进行讨论	10 min

三、安全警示

我已认真阅读机器人操作安全规范，并预习机器手电机座分装装配项目。针对该项目的特点，我认为在安全防范上应注意以下几点(不少于三条)：

____

____

____

签名：

四、实训器材与工具

实训器材与工具如表 12－2 所示。

表 12－2　实训器材与工具清单

主要零件清单			
序号	零件名称	规格型号	数量
1	4 轴过线套	—	1 个
2	O 型橡胶密封圈	Φ31.5×1.8	1 个
3	内六角圆柱头螺钉	M3×10(12.9 级)	4 个
4	4 轴减速机	RV－10C－27	1 个
5	深沟球轴承	61807－2LS	1 个
6	4 轴减速机输入齿轮	—	1 个
7	内六角圆柱头螺钉	M6×60(12.9 级)	8 个
8	隔套	—	1 个
9	孔用 A 级弹性挡圈	Φ47	1 个

续表

主要零件清单			
序号	零件名称	规格型号	数　量
10	骨架油封	FB 47×30×7	2个
11	内六角圆柱头螺钉	M5×20(12.9级)	5个
12	4轴电机输入齿轮	—	1个
13	4轴电机	R2AA06040FCH29	1个
14	O型橡胶密封圈	Φ 45×2.65	1个
15	4轴减速机过渡板	—	1块
16	内六角圆柱头螺钉	M8×20(12.9级)	6个
17	O型橡胶密封圈	Φ56×2.65	1个
18	O型橡胶密封圈	Φ100×2.65	1个
19	组合垫圈	Φ10	1个
20	3轴减速机	RV-42N-164.07	1个
21	内六角圆柱头螺钉	M6×35(12.9级)	16个
22	3轴电机	R2AA08075FCP29	1个
23	3轴电机输入齿轮	—	1个
24	内六角圆柱头螺钉	M5×40(12.9级)	1个
25	O型橡胶密封圈	S67(Φ66.5×2)	1个
26	内六角圆柱头螺钉	M6×20(12.9级)	4个
27	线束捆扎板	—	1块
28	内六角圆柱头螺钉	M6×16(12.9级)	2个
29	3轴盖板	—	1块
30	内六角圆柱头螺钉	M4×10(12.9级)	6个
31	O型橡胶密封圈	Φ120.37×1.78	1个
32	O型橡胶密封圈	Φ129.4×3.1(G130)	1个

续表

主要零件清单			
序号	零件名称	规格型号	数　量
33	电机座	—	1个
34	内六角螺塞	M10×1	1个

工具清单		
工具名称	型　号	数　量
扭矩扳手、M3 批头	QL6N4	各1个
扭矩扳手、M6 批头	QL25N、306090	各1个
扭矩扳手、M4 批头	QL6N4	各1个
扭矩扳手、M5 批头	QL12N、304C	各1个
孔用卡簧钳	72034	1把
冲杆	—	1根
大铜棒	—	1根
活动扳手 6	47202	1把
内六角扳手	—	1套
锉刀	—	1套
导杆	M6×100	1根

辅助材料清单		
辅助材料名称	型　号	备　注
三键超级清洗剂	TB6602T	—
螺纹紧固胶	ThreeBond1374	以“■”标记
平面密封胶	ThreeBond1110F	以“●”标记
润滑脂	—	—

五、实训步骤

1. 4轴减速机与过线套的装配

(1) 如图12-1所示，将O型密封圈2放入过线套1相应的O型槽内。

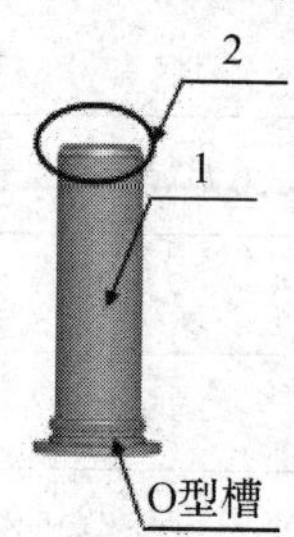

图12-1

(2) 如图12-2所示，在过线套与4轴减速机4配合表面处均匀涂一层平面密封胶，然后用螺钉3将过线套装配在4轴减速机上。

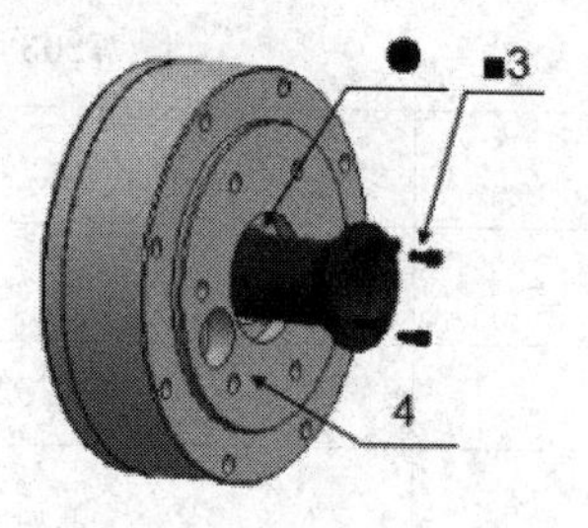

图12-2

2. 4轴减速机输入齿轮及深沟球轴承61807-2LS的装配

如图12-3所示，先用工装将轴承5压入4轴减速机输入齿轮6上，然后将分装好的4轴减速机输入齿轮6装配在4轴减速机4上。

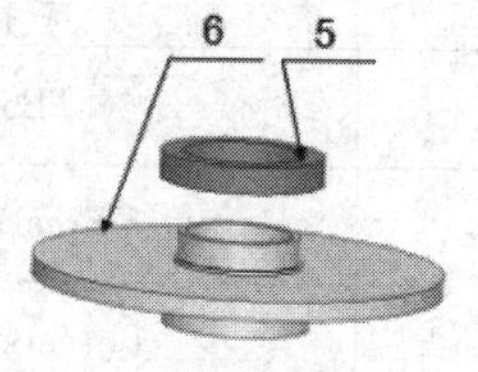

图12-3

3. 4 轴减速机与电机座的装配

如图 12－4 所示，先将 O 型圈 31 放入减速机相应的 O 型槽内，然后在减速机与电机座 33 配合表面均匀涂一层平面密封胶，最后用螺钉 7 将减速机装配在电机座上。

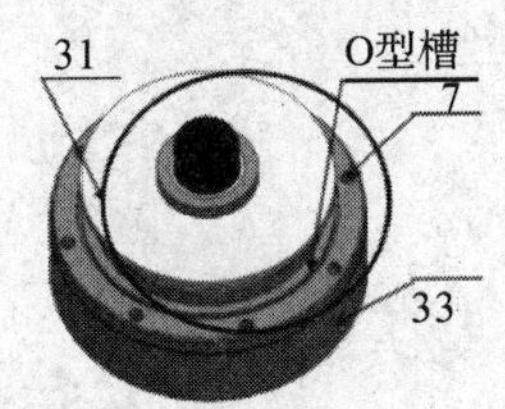

图 12－4

4. 骨架油封及孔用弹性挡圈的安装

如图 12－5 所示，先将隔套 8 放入图示位置，然后用孔用卡簧钳将孔用弹性挡圈 9 安装在相应的卡簧槽内，最后用工装将骨架油封 10 敲入图示位置。

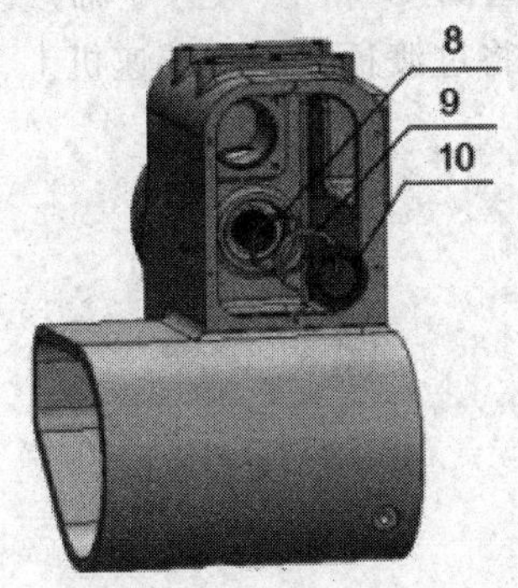

图 12－5

5. 4 轴电机及 4 轴减速机过渡板的安装

(1) 如图 12－6 所示，用螺钉 11 将 4 轴电机输入齿轮 12 装配在 4 轴电机 13 上。

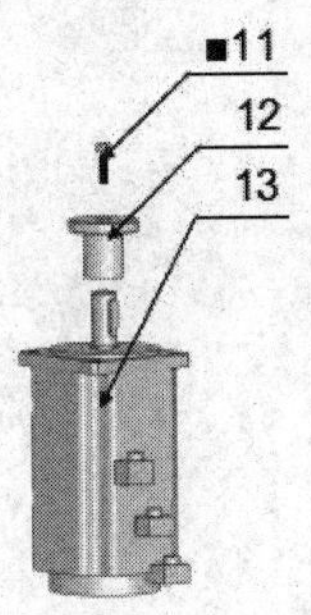

图 12－6

(2) 如图 12－7 所示，将 O 型圈 14 放入电机与电机座配合止口面上，然后在 4 轴电机与电机座配合表面均匀涂一层平面密封胶，最后如图 12－8 所示用螺钉 11 将电机装配在电机座上。

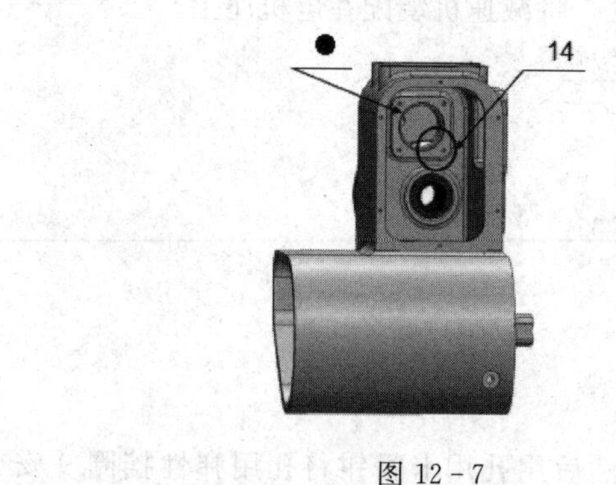

图 12－7

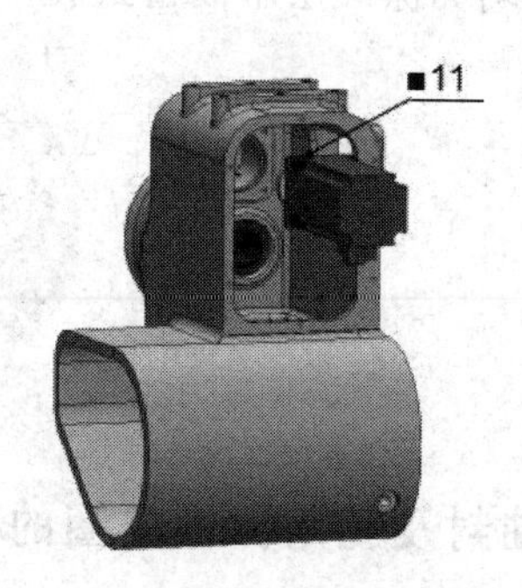

图 12－8

(3) 如图 12－9 所示，将 O 型圈 17 和 18 放入 4 轴减速机过渡板 15 相应的 O 型槽内，然后如图 12－10 所示用螺钉 16 将过渡板装配在减速机上。

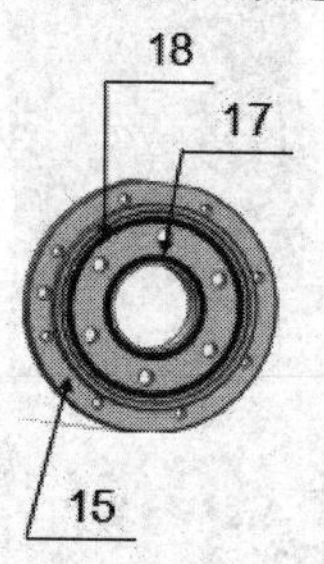

图 12－9

6. 4 轴试漏

(1) 如图 12－10 和图 12－11 所示，用内六角螺塞 34 配合组合垫圈 19 将 4 轴进油口或出油口堵上，另一个油口接试漏装置。

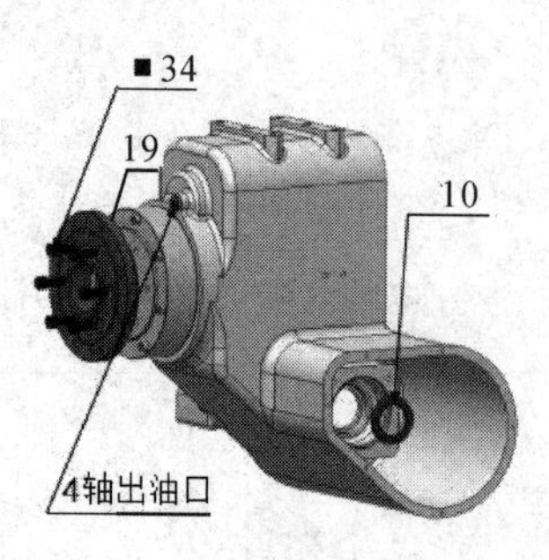

图 12－10

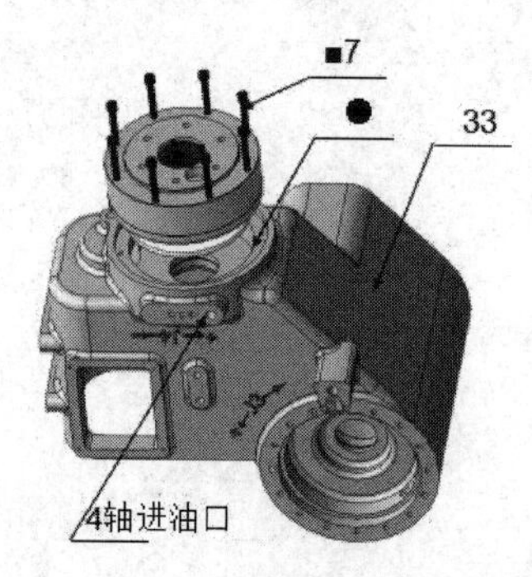

图 12－11

(2) 打开开关，将空气试漏装置低压调到(10±0.5)kPa，然后关闭开关，2 分钟后看表压降值，压降值在 0.1 以下为正常。

(3) 打开开关，将压力调到(30±0.5)kPa，按上述步骤再做一遍。

7. 3 轴减速机的安装

(1) 如图 12－10 所示，用工装将骨架油封 10 装配到图示位置。

(2) 如图 12－12 所示，将 O 型圈 32 放入 3 轴减速机 20 与电机座配合处止口面上，在减速机与电机座配合表面均匀涂一层平面密封胶，然后在图中所示位置安装一根 M6×100 的导杆，最后用螺钉 21 将 3 轴减速机装配在电机座上。

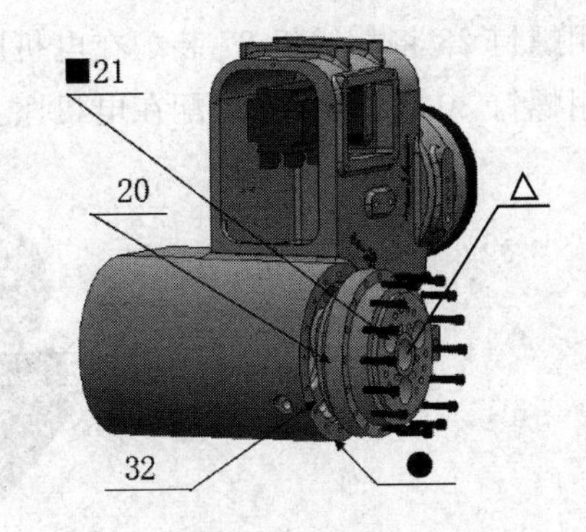

图 12－12

8. 3 轴电机输入齿轮及 3 轴电机的安装

(1) 如图 12－13 所示，用螺钉 24 将 3 轴电机输入齿轮 23 装配在 3 轴电机 22 上。

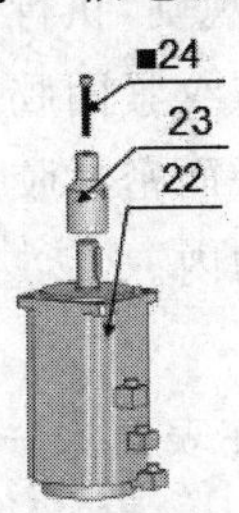

图 12－13

(2) 如图 12－14 所示，先将 O 型圈 25 放入电机座相应的 O 型槽内；然后在 3 轴电机与电机座配合表面均匀涂一层平面密封胶。最后用螺钉 26 将电机装配在电机座上。

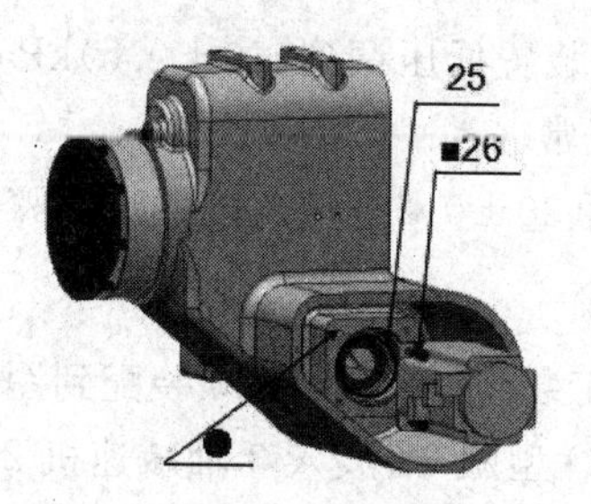

图 12-14

9. 3轴电机盖板及电机座线束扎线板的安装

(1) 如图 12-15 所示，用螺钉 28 将扎线板 27 装配在电机座上。

(2) 如图 12-16 所示，用螺钉 30 将盖板 29 装配在电机座上。

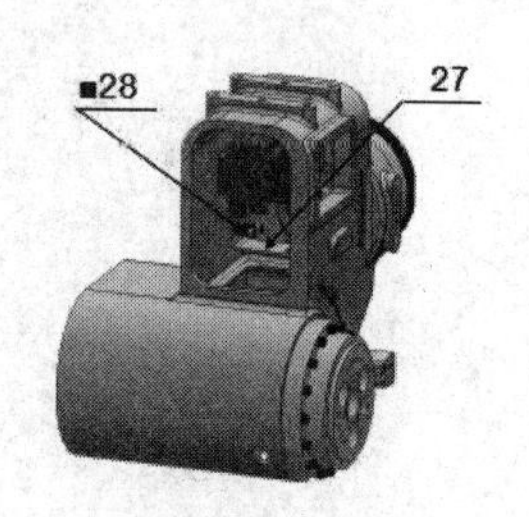

图 12-15

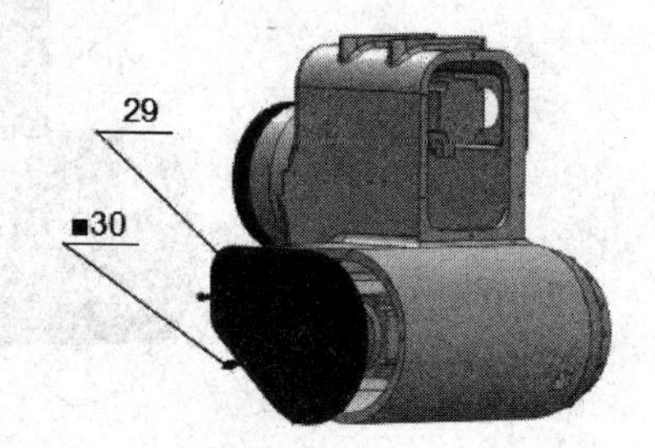

图 12-16

操作要点：

(1) 螺纹拧紧需按附录 A“螺纹拧紧规则”执行。

(2) 检查“■”标记处是否均匀涂好螺纹紧固胶。

(3) 检查“●”标记处是否均匀涂好平面密封胶。

(4) 检查孔用挡圈是否安装在卡簧槽内。

(5) 检查骨架油封是否安装到位。

(6) 所有 O 型橡胶密封圈安装前需在表面涂一层润滑脂。

(7) 轴试漏时先测低压后测高压。

(8) 注意 4 轴电机电源线以及编码器引线接口的朝向(如图 12-10 所示)。

(9) 注意 3 轴电机编码器引线以及电源线接口朝向(如图 12-14 所示)。

六、自我评价

本项目完成后，请按照表 12-3 所列内容进行自我评价。

表12－3　自我评价表

安全生产	
电机座分装	
团队合作	
清洁素养	

七、评分

请对表12－4所列各项实训内容进行打分，并对项目完成情况进行总结。

表12－4　评　分　表

配分项目	配　分	得　分
安全防范	10	
实训器材与工具准备	10	
实训步骤	70	
自我评价	10	
合计	100	

项目13 手腕部分分装（1）

一、教学目标

1. 知识与技能

1）知识

（1）了解对机器手手腕部分分装的要求。

（2）熟悉机器手手腕部分组成机构。

2）技能

（1）认识机器手手腕部分分装组成的各零部件及其装配、检测工具。

（2）了解螺栓拧紧规则并能正确拧紧螺栓。

（3）了解密封圈的装配要求并能正确安装密封圈。

（4）了解销的装配要求并能正确安装销。

（5）按照工艺规程要求，会使用各种工具装配机器手手腕部分分装，并对其进行检验。

2. 过程与方法

能根据实训指导书的要求，采取小组合作的方式完成机器手手腕部分分装的装配。在小组合作过程中，能合理安排工作步骤，分配工作任务，注重安全规范。能总结并展示机器手手腕部分分装装配工作的收获与体验。

3. 情感、态度与价值观

乐观、积极地对待机器手手腕部分分装工作；严格遵守安全规范并严格按实训指导书要求的装配步骤进行工作；爱惜劳动工具；不挑剔团队交给自己的工作任务并承担自己的责任；能积极探讨装配工艺的合理性和可能存在的问题。

二、教学内容与时间安排

手腕部分分装(1)教学内容及时间安排如表13-1所示。

表 13－1　教学内容与时间安排

教学内容	时　间
按照工序要求装配机器手手腕部分分装(1)	80 min
装配完工后的处理工作并对手腕部分分装(1)工作进行讨论	10 min

三、安全警示

我已认真阅读机器人操作安全规范，并预习了机器手手腕部分分装项目。针对该项目的特点，我认为在安全防范上应注意以下几点(不少于三条)：

____

____

____

签名：

四、实训器材与工具

实训器材与工具清单如表 13－2 所示。

表 13－2　实训器材与工具清单

实训器材清单			
序号	零件名称	规格型号	数　量
1	6 轴减速器处连接小轴	—	1 个
2	内六角圆柱头螺钉	M3×10(12.9 级)	15 个
3	调整垫	—	若干块
4	6 轴减速机	SHG－20－50－2UH－SP	1 台
5	内六角圆柱头螺钉	M4×10(12.9 级)	35 个
6	6 轴输出圆弧锥齿轮(右旋)	—	1 个
7	深沟球轴承	61804－2LS	1 个
8	内六角圆柱头螺钉	M3×30	12 个
9	O 型橡胶密封圈	S75(Φ74.5×2)	1 个

续表

实训器材清单			
序号	零件名称	规格型号	数　量
10	手腕连接体	—	1个
11	6轴输入圆弧锥齿轮(左旋)	—	1个
12	深沟球轴承(带密封圈)	61805-2LS	1个
13	普通平键A型	5×5×18	1个
14	①6轴输出皮带轮处轴承杯 ②骨架油封	— FW34×18×7	各1个
15	轴用弹性挡圈	Φ25	1个
16	深沟球轴承(带密封圈)	61804-2LS	1个
17	6轴输出皮带轮	—	1个
18	内六角圆柱头螺钉	M5×12(12.9级)	1个
19	普通平键A型	4×4×18	1个
20	皮带轮处连接垫片	—	1个
21	① 轴用弹性挡圈 ② 5轴输出皮带轮	Φ60 —	各1个
22	深沟球轴承(带密封圈)	61912-2LS	1个
23	O型橡胶密封圈	Φ35.5×2.65	1个
24	5轴减速机连接板	—	1个
25	5轴减速机连接板下盖板	—	1个
26	5轴减速机连接板上盖板	—	1个
27	5轴减速机	SHG-20-80-2UH-UP	1台
28	① O型橡胶密封圈 ② O型橡胶密封圈	S110(Φ109.5×2) Φ17.8×1.9	各1个
29	O型橡胶密封圈	S50(Φ49.5×2)	1个
30	① VD橡胶密封圈 ② VD橡胶密封圈处压板	— —	各1个

续表

<table>
<tr><td colspan="4">实训器材清单</td></tr>
<tr><td>序号</td><td>零件名称</td><td>规格型号</td><td>数　量</td></tr>
<tr><td>31</td><td>手腕体</td><td>—</td><td>1 个</td></tr>
<tr><td>32</td><td>5 轴减速机连接轴</td><td>ER20 - C10 - 04 - 22</td><td>1 个</td></tr>
<tr><td>33</td><td>① 圆柱销
② 圆柱销</td><td>3×16
5×10</td><td>各 1 个</td></tr>
<tr><td>34</td><td>O 型橡胶密封圈</td><td>S75(Φ74.5×2)</td><td>1 个</td></tr>
<tr><td>35</td><td>隔套</td><td>—</td><td>1 个</td></tr>
<tr><td>36</td><td>① 内六角螺钉
② 内六角螺钉</td><td>M3×20
M3×16</td><td>16 个
6 个</td></tr>
<tr><td colspan="4">工具清单</td></tr>
<tr><td colspan="2">工具名称</td><td>型　号</td><td>数　量</td></tr>
<tr><td colspan="2">扭矩扳手</td><td>QL6N4</td><td>1 把</td></tr>
<tr><td colspan="2">扭矩扳手、批头</td><td>QL12N</td><td>1 把</td></tr>
<tr><td colspan="2">扭矩扳手、批头</td><td>QL25N</td><td>1 把</td></tr>
<tr><td colspan="2">活动扳手 6</td><td>47202</td><td>1 把</td></tr>
<tr><td colspan="2">充电式扳手</td><td>EZ7546LR2S(150N・m)</td><td>1 个</td></tr>
<tr><td colspan="2">内六角扳手</td><td>—</td><td>1 套</td></tr>
<tr><td colspan="2">大铜棒</td><td>—</td><td>1 根</td></tr>
<tr><td colspan="2">冲杆</td><td>—</td><td>1 根</td></tr>
<tr><td colspan="4">辅助材料清单</td></tr>
<tr><td colspan="2">辅助材料名称</td><td>型　号</td><td>备　注</td></tr>
<tr><td colspan="2">三键超级清洗剂</td><td>TB6602T</td><td>—</td></tr>
<tr><td colspan="2">螺纹紧固胶</td><td>ThreeBond1374</td><td>以“■”标记</td></tr>
<tr><td colspan="2">平面密封胶</td><td>ThreeBond1110F</td><td>以“●”标记</td></tr>
</table>

五、实训步骤

1. 连接小轴的分装

(1) 如图 13－1 所示，用工装将轴承 7 装配在弧齿 6 上。

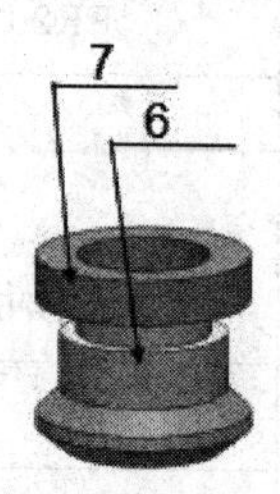

图 13－1

(2) 如图 13－2 所示，依次将隔套 35 和平键 19 装配在连接小轴 1 上，然后对准键槽将分装好的弧齿套入连接小轴上，最后用螺钉 5 拧紧并压紧轴承内圈。

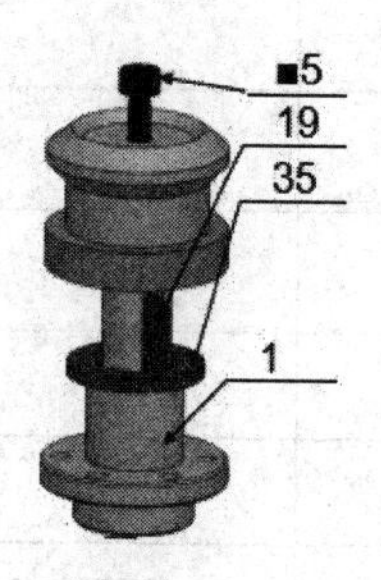

图 13－2

2. 连接小轴处调整垫厚度计算

如图 13－3 所示，按《ER20－C10 手腕调整垫厚度计算表》测量并计算调整垫 3 厚度。

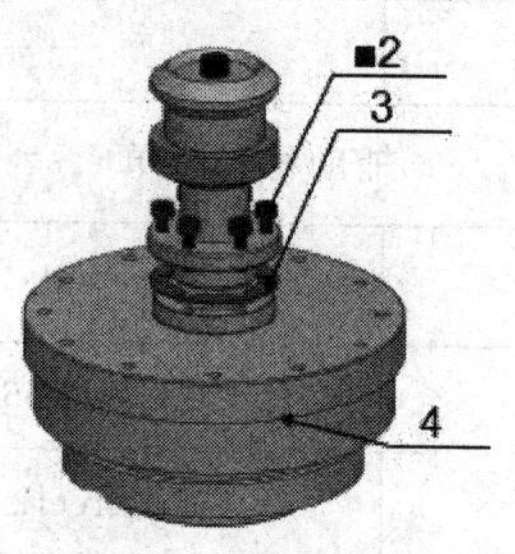

图 13－3

3. 连接小轴与 6 轴减速机的装配

如图 13－3 所示，将 6 轴减速机 4 平放在工作台上，然后用螺钉 2 将连接小轴装配在 6 轴减速机上。

4. 6 轴减速机与手腕体的装配

如图 13－4 所示，将手腕体 31 置于工作台上，放入 O 型圈 9，用内六角螺钉 8 将 6 轴减速机与手腕体固定。

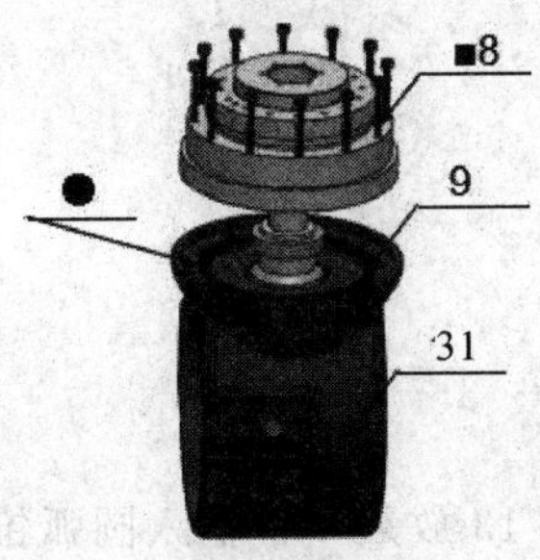

图 13－4

5. 6 轴轴承杯及 6 轴输出皮带轮的分装

(1) 如图 13－5 所示，用工装将骨架油封 14②压入轴承杯 14①内。

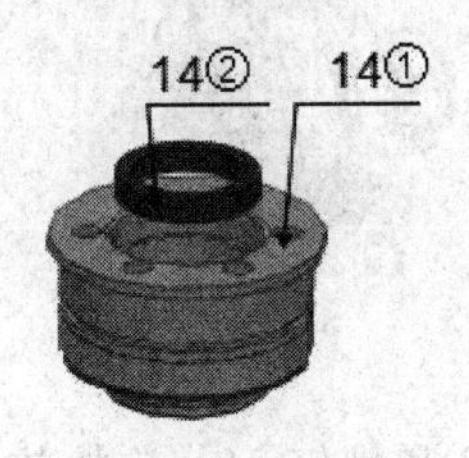

图 13－5

(2) 如图 13－6 所示，用工装将轴承 12 压入 6 轴输入圆弧锥齿轮 11 配合处，然后将分装好的 6 轴输入圆弧锥齿轮放入轴承杯的配合内孔。

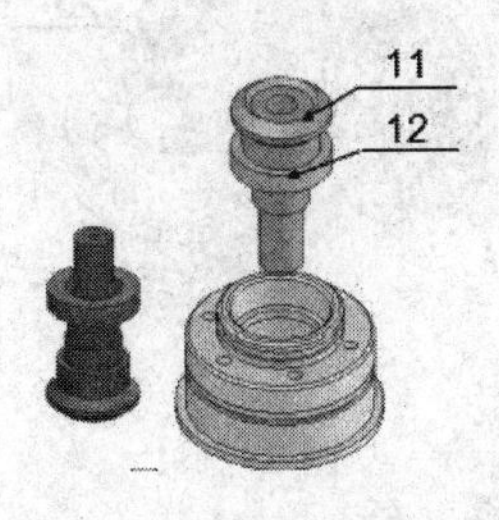

图 13－6

(3) 如图 13 - 7 所示，将 6 轴输出皮带轮 17 置于工作台上，然后用工装将轴承 16 压入 6 轴输出皮带轮配合处，最后用轴卡钳将轴挡 15 放入卡环槽。

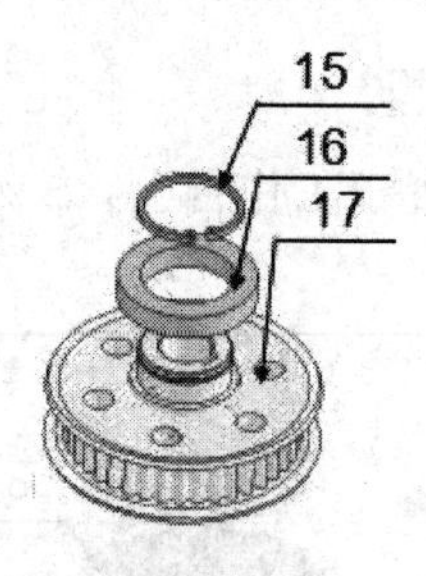

图 13 - 7

6. 6 轴轴承杯的装配

(1) 如图 13 - 8 所示，将平键 13 放入 6 轴输入圆弧锥齿轮的键槽内，对准键槽将分装好的 6 轴输出带轮插入 6 轴轴承杯的轴承档内孔。

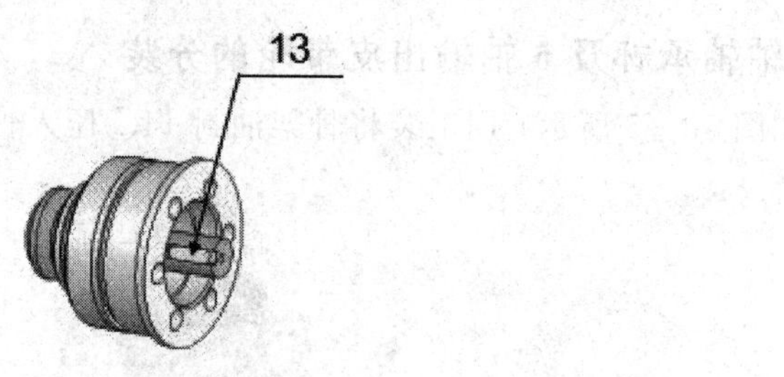

图 13 - 8

(2) 如图 13 - 9 所示，用螺钉 2 和螺钉 18、连接垫片 20 将皮带轮和弧齿轴并紧，注意力度适中。

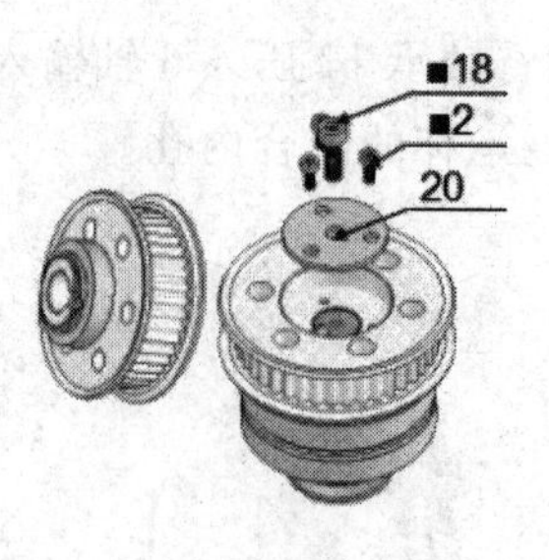

图 13 - 9

(3) 如图13－10所示，先用工装将轴承22装配在轴承杯上，然后用轴卡钳将轴卡21① 装配在轴承杯上，最后将O型圈23放入图示O型槽内。

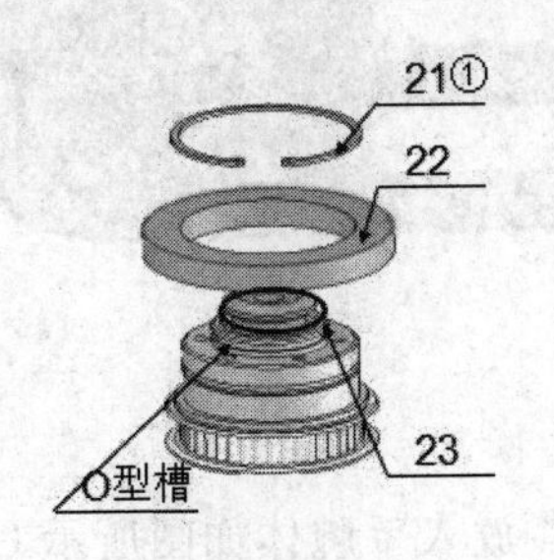

图13－10

7. 手腕连接体与手腕体的装配

(1) 如图13－11所示，用工装将密封圈30①装配在手腕体如图所示位置，注意密封圈开口朝上。

图13－11

(2) 如图13－12所示，将手腕连接体10平放在工作台上然后用螺钉5将密封圈压板30②装配在手腕连接体上。

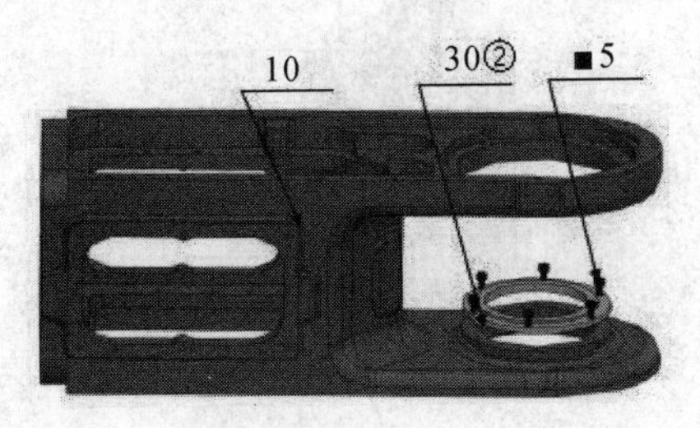

图13－12

(3) 如图13－13所示，将手腕体按图所示放在手腕连接体上。

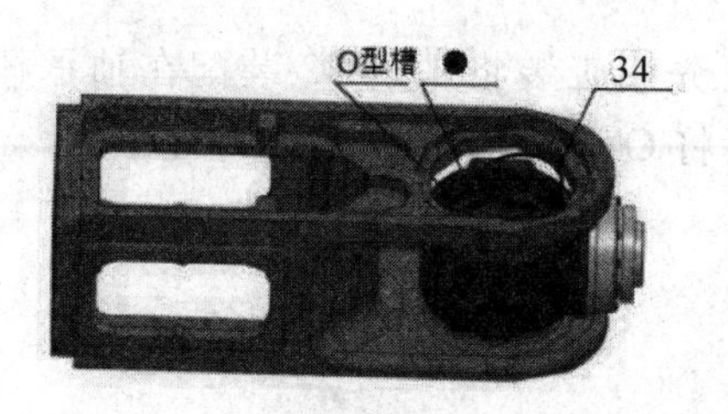

图 13－13

8. 5 轴减速机的装配

(1) 如图 13－13 将 O 型圈 34 放入手腕体如图所示 O 型槽内。如图 13－14 所示，在手腕连接体与 5 轴减速机 27 配合表面均匀涂一层平面密封胶。

(2) 如图 13－14 所示，用螺钉 8 将减速机 27 装配在手腕连接体上，然后在如图所示两个台阶面上均匀涂一层平面密封胶。

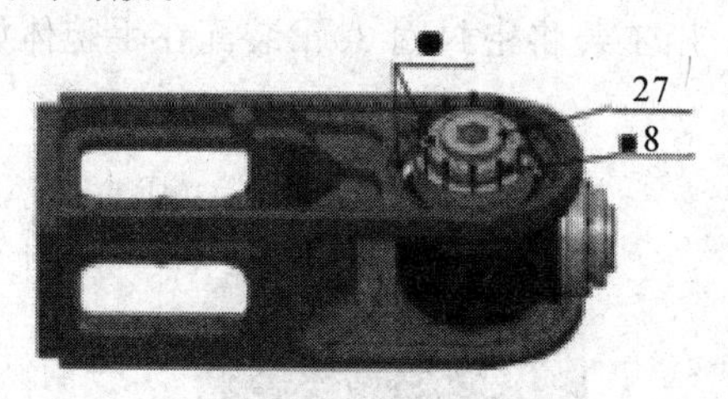

图 13－14

9. 5 轴减速机连接板的装配

(1) 如图 13－15 所示，用螺钉 5 先将 5 轴减速机连接板下盖板 25 装配在 5 轴减速机连接板 24 上，然后将 O 型圈 28①和 29 放入 O 型槽内。

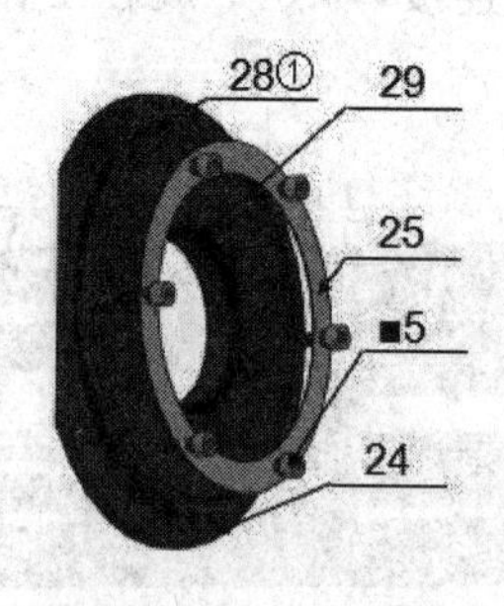

图 13－15

(2) 如图 13－16 所示，用圆柱销 33①和 33②及螺钉 5 和 36①将连接板安装在 5 轴减速机和手腕体上。

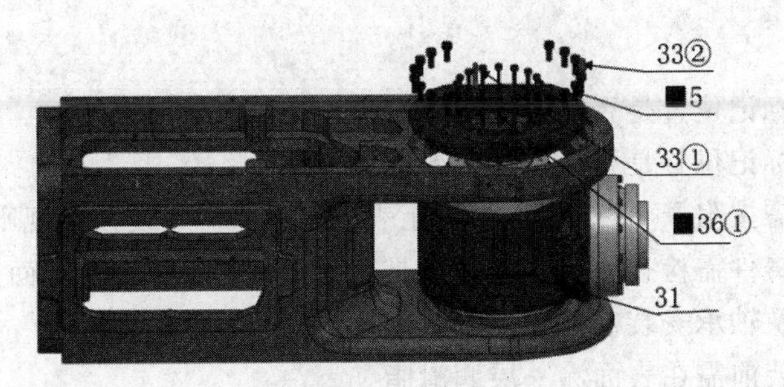

图 13-16

(3) 如图 13-17 所示，用螺钉 5 将减速机连接板上盖板 26 安装在减速机连接板上。

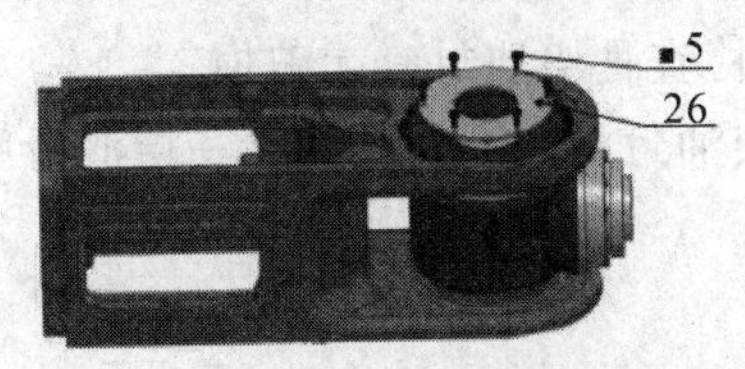

图 13-17

10. 5 轴减速机连接轴的装配

如图 13-18 所示，先将 O 型圈 28②放入连接轴 32 的 O 型槽内，然后用螺钉 2 将连接轴装配在减速机上。

图 13-18

11. 5 轴输出皮带轮的装配

如图 13-19 所示，用螺钉 36②将皮带轮 21②装配在连接轴上。

图 13-19

操作要点：

(1) 检查“●”标记位置是否涂有平面密封胶。

(2) 检查“■”标记位置是否涂有螺纹紧固胶。

(3) 螺纹拧紧需按附录A“螺纹拧紧力矩表”和附录B“螺纹预紧规则”执行。

(4) 在安装前铸件需检查所有安装孔内是否有铁屑，铸件安装表面是否有油污。

(5) 所有油封及轴承安装前需在配合表面均匀涂一层润滑脂。

(6) O型圈安装前需在表面涂一层润滑脂。

(7) 注意骨架油封14②以及密封圈30①唇口朝向。

(8) 此处骨架油封要用专用的工装安装。

(9) 安装骨架油封前需先检查骨架油封有无破损。

(10) 安装过程中需在骨架油封的内圈和外圈涂一层润滑脂。

六、自我评价

本项目完成后，请按照表13-3所列内容进行自我评价。

表13-3 自我评价表

安全生产	
手腕部分分装(1)	
团队合作	
清洁素养	

七、评分

请对表13-4所列各项实训内容进行打分，并对项目完成情况进行总结。

表13-4 评 分 表

配分项目	配 分	得 分
安全防范	10	
实训器材与工具准备	10	
实训步骤	70	
自我评价	10	
合计	100	

项目 14　手腕部分分装（2）

一、教学目标

1. 知识与技能

1）知识

(1) 了解对机器手手腕部分分装的要求。

(2) 熟悉机器手手腕部分组成机构。

2）技能

(1) 认识机器手手腕部分组成的各零部件及其装配、检测工具。

(2) 了解螺栓拧紧规则并能正确拧紧螺栓。

(3) 了解密封圈的装配要求并正确安装密封圈。

(4) 了解销的装配要求并正确安装销。

(5) 按照工艺规程要求，会使用各工具装配机器手手腕部分，并对其进行检验。

2. 过程与方法

能根据实训指导书的要求，采取小组合作的方式完成机器手手腕部分的装配。在小组合作过程中，能合理安排工作步骤，分配工作任务，注重安全规范。能总结并展示机器手手腕部分分装装配工作的收获与体验。

3. 情感、态度与价值观

乐观、积极地对待机器手手腕部分的装配工作；严格遵守安全规范并严格按实训指导书要求的装配步骤进行工作；爱惜劳动工具；不挑剔团队交给自己的工作任务并承担自己的责任；能积极探讨装配工艺的合理性和可能存在的问题。

二、教学内容与时间安排

手腕部分分装(2)教学内容与时间安排如表 14－1 所示。

表 14-1 教学内容与时间安排

教学内容	时间
按照工序要求装配机器手手腕部分(2)	80 min
装配完工后的处理工作并对装配机器手手腕部分(2)工作进行讨论	10 min

三、安全警示

我已认真阅读机器人操作安全规范，并预习了机器手手腕部分分装配项目。针对该项目的特点，我认为在安全防范上应注意以下几点(不少于三条)：

____

____

____

签名：

四、实训器材与工具

实训器材与工具清单如表 14-2 所示。

表 14-2 实训器材与工具清单

实训器材清单			
序号	零件名称	规格型号	数量
1	6 轴输入圆弧锥齿轮调整垫	—	1 个
2	O 型橡胶密封圈	S50(Φ49.5×2)	1 个
3	圆柱销	3×16	1 个
4	末端法兰	—	1 个
5	内六角圆柱头螺钉	M3×30	18 个
6	内六角圆柱头螺钉	M4×35(12.9 级)	6 个
7	5、6 轴电机	R2AA6040FCH29	2 个
8	5 轴电机安装板	—	1 块
9	内六角圆柱头螺钉	M5×12(12.9 级)	8 个

续表

实训器材清单			
序号	零件名称	规格型号	数　量
10	内六角圆柱头螺钉	M5×16(12.9 级)	8 个
11	六角螺栓 C 级	M5×35	3 个
12	六角螺母 C 级	M5	3 个
13	5、6 轴输入皮带轮	—	1 个
14	皮带轮紧钉板	—	4 块
15	皮带轮处连接垫片	—	2 个
16	内六角圆柱头螺钉	M3×10(12.9 级)	3 个
17	内六角圆柱头螺钉	M5×10(12.9 级)	14 个
18	6 轴电机安装板	—	1 块
19	同步带	695-5M-15	2 条
20	5 轴减速机处盖板	—	1 块
21	内六角圆柱头螺钉	M4×10(12.9 级)	30 个
22	小盖板	—	2 块
23	组合垫圈	Φ10	2 个
24	6 轴盖板	—	1 块
25	5 轴缓冲块	—	2 块
26	5、6 轴零标护套	—	2 个
27	内六角螺塞	M10×1	2 个

工具清单		
工具名称	型　号	数　量
扭矩扳手	QL6N4	1 把
扭矩扳手(带批头)	QL12N	1 把
扭矩扳手(带批头)	QL25N	1 把
活动扳手 6	47202	1 把

续表

工具清单		
工具名称	型　号	数　量
充电式扳手	EZ7546LR2S(150N·m)	1个
内六角扳手	—	1套
大铜棒	—	1个
冲杆	—	1个
皮带张紧仪	—	1个
辅助材料清单		
辅助材料名称	型　号	备　注
三键超级清洗剂	TB6602T	—
螺纹紧固胶	ThreeBond1374	以"■"标记
平面密封胶	ThreeBond1110F	以"●"标记
瞬干胶	ThreeBond7784C	—

五、实训步骤

1. 6轴轴承杯处调整垫厚度计算

如图14－1所示，按《ER20－C10手腕调整垫厚度计算表》测量并计算调整垫1的厚度。

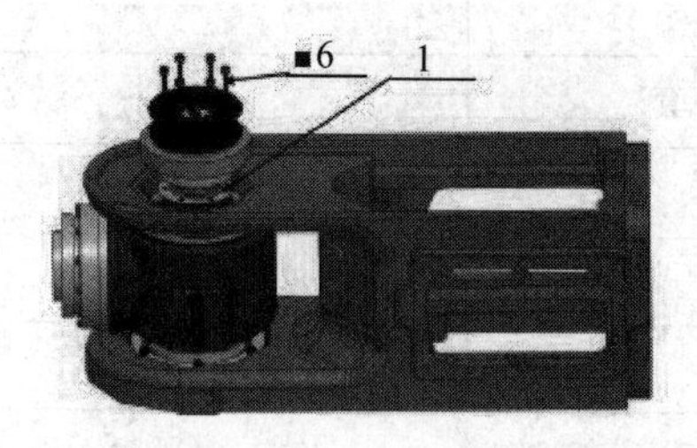

图14－1

2. 6轴轴承杯的装配

如图14－1所示，依次将垫片1和分装好的轴承杯放入手腕体中，并用螺钉6拧紧。

3. 6轴减速机末端法兰的装配

(1) 如图14-2所示，将O型圈2放入末端法兰4相应的O型槽内，然后将减速机与末端法兰配合表面均匀涂一层平面密封胶。

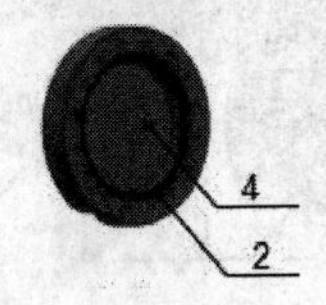

图14-2

(2) 按图14-2和图14-3所示，依次将末端法兰4、圆柱销3和内六角螺钉5装配在6轴减速机上。

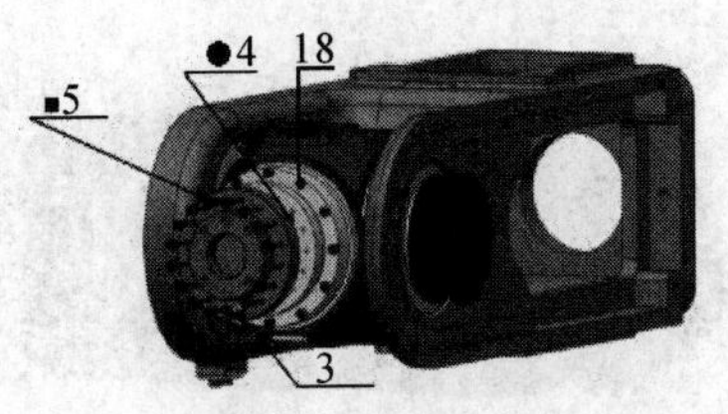

图14-3

4. 5轴试漏

(1) 如图14-4所示，用内六角螺塞27和组合垫圈23将5轴进油口或出油口堵上，取一个M10×1的气管连接头缠好生料带后装在另一个油口上，然后将试漏装置进气管连接上。

(2) 打开开关，将空气试漏装置低压调至(10±0.5)kPa，然后关闭开关，2分钟后看表压降值，压降值在0.1以下为正常。

(3) 打开开关，将压力调至(30±0.5)kPa，按上述步骤再做一遍。

图14-4

5. 5、6轴电机的装配

(1) 如图14-5所示，用螺钉9将6轴电机安装板18固定在6轴电机7上，然后依次将皮带轮13和皮带轮处连接垫片15用螺钉16和17装配在电机上。

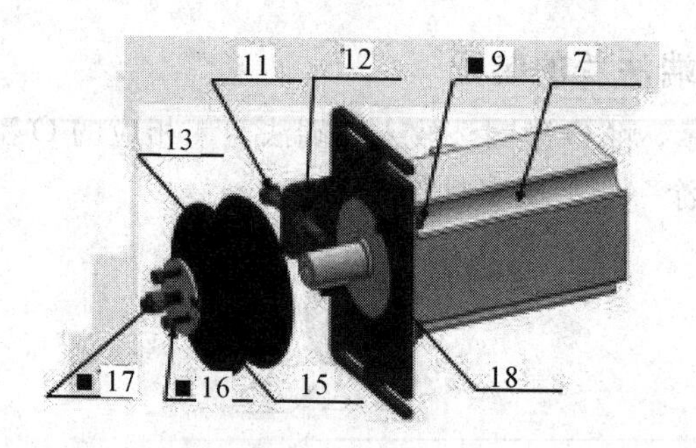

图 14-5

(2) 如图 14-6 所示，用螺钉 10 和皮带轮紧钉板 14 将 6 轴电机固定在手腕连接体电机安装孔内。

图 14-6

(3) 用同样的方法，按图 14-6 和图 14-7 所示，将 5 轴电机安装好。

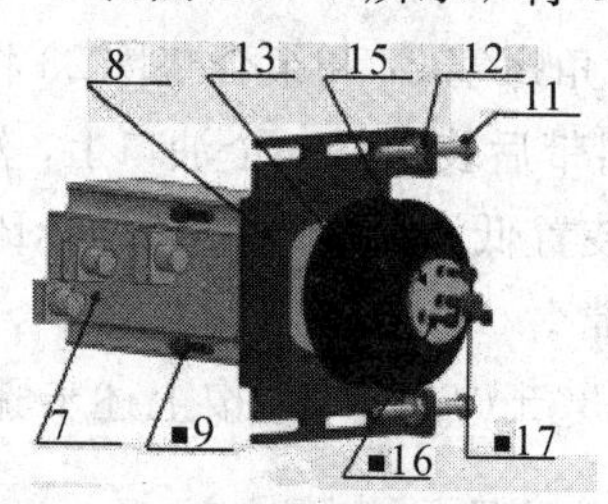

图 14-7

(4) 如图 14-8 所示，将 5、6 轴电机电源线和编码器引线穿过穿线孔。

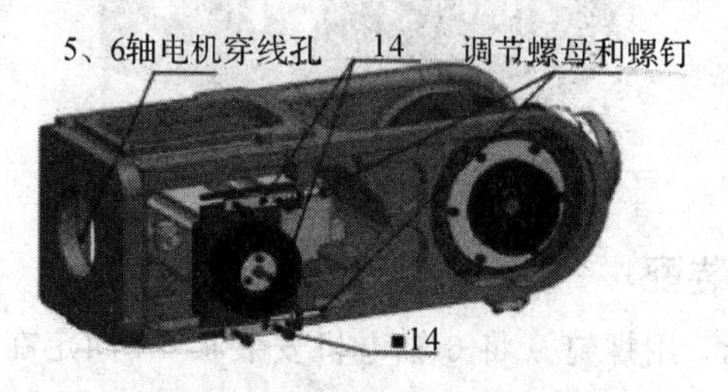

图 14-8

6. 5 轴同步带张紧程度的调整

如图 14 - 9 所示，用活动扳手调节螺钉和螺母，从而调节同步带 19 的松紧程度，调好后用皮带张紧仪检测皮带松紧：将皮带张紧仪放在皮带正上方，探头离皮带 2～3 cm，用橡皮锤轻轻敲击皮带，显示器数据在 90～110 Hz 为合格。

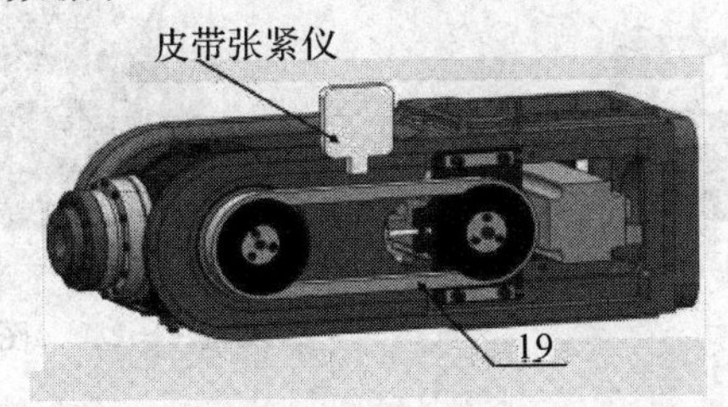

图 14 - 9

7. 6 轴同步带张紧程度的调整

如图 14 - 10 所示，用活动扳手调节螺钉和螺母，从而调节同步带的松紧程度，调好后用皮带张紧仪检测，直到合格为止。

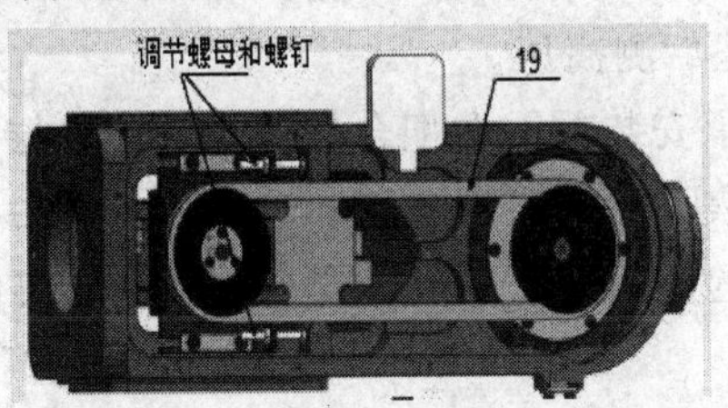

图 14 - 10

8. 5、6 轴盖板及手腕体两侧小盖板的安装

如图 14 - 11 和图 14 - 12 所示，用螺钉 21 将盖板 20 和 24 装配在手腕连接体上，然后用螺钉 23 将小盖板 22 装配在手腕连接体上。

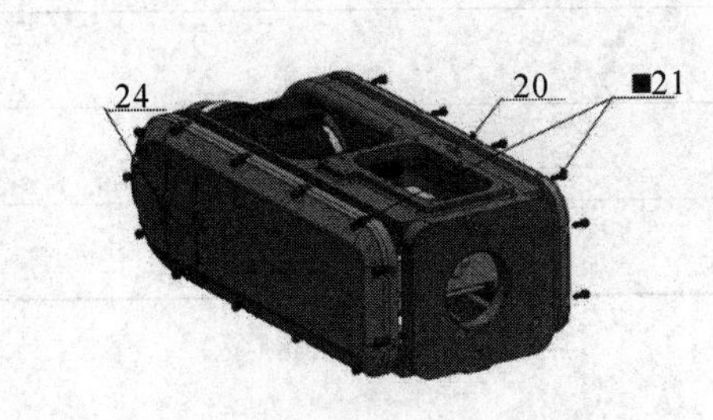

图 14 - 11

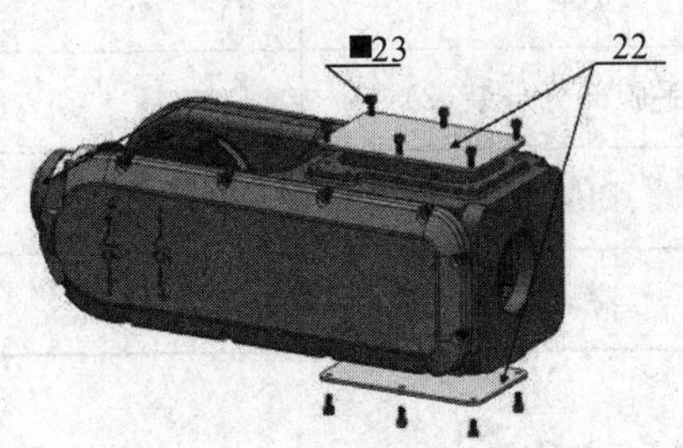

图 14 - 12

9. 5轴缓冲块及5、6轴零标保护套的安装

(1) 如图14－13和图14－14所示，用瞬干胶将缓冲块25装配在图示位置。

(2) 如图14－14所示，将两个零标保护套26用螺钉27装配在手腕连接体上。

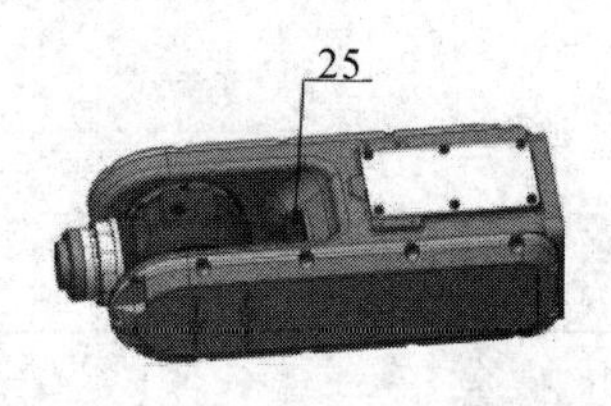

图14－13

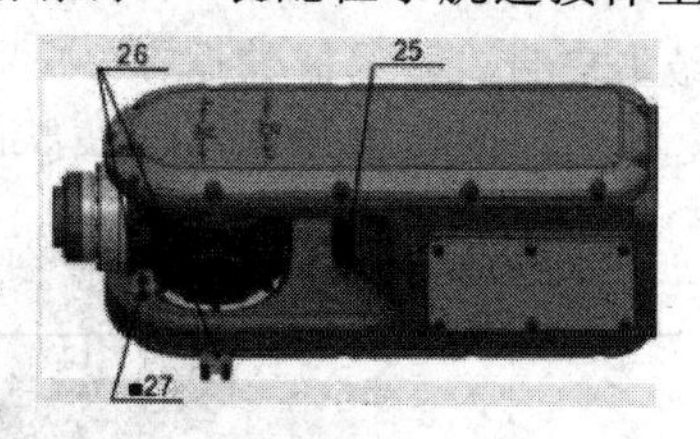

图14－14

操作要点：

(1) 检查“■”标记处涂有螺纹紧固胶。

(2) 检查“●”标记处涂有平面密封胶。

(3) 螺纹拧紧需按附录A“螺纹拧紧力矩表”和附录B中“螺纹预紧规则”执行。

(4) 注意5、6轴电机编码器引线及电源线接口朝向。

(5) 5轴试漏需先测低压后测高压。

(6) 所有骨架油封及轴承安装前需在配合表面均匀涂一层润滑脂。

(7) O型圈安装前需在表面涂一层润滑脂。

(8) 安装前所有铸件需检查每个安装孔内是否有铁屑，铸件安装表面是否有油污。

六、自我评价

本项目完成后，请按照表14－3所示内容进行自我评价。

表14－3 自我评价表

安全生产	
手腕部分分装(2)	
团队合作	
清洁素养	

七、评分

请对表14－4所列各项实训内容进行打分，并对项目完成情况进行总结。

表14-4　评　分　表

配分项目	配　分	得　分
安全防范	10	
实训器材与工具准备	10	
实训步骤	70	
自我评价	10	
合计	100	

附录 A 螺纹拧紧力矩表

附表 1 螺纹拧紧力矩表 12.9 级(N·m)

螺钉规格	铸铁件	铸铝件
M3	2±0.18	1.57±0.18
M4	4.5±0.33	3.6±0.33
M5	9±0.49	7.35±0.49
M6	15.6±0.78	12.4±0.78
M8	37.2±1.86	30.4±1.86
M10	73.5±3.43	59.8±3.43
M12	128.4±6.37	104±6.37
M14	204.8±10.2	180±10.2
M16	318.5±15.9	259±15.9

附录 B　螺纹预紧规则

1. 法兰连接应相对法兰中心对称地顺序拧紧。
2. 拧紧时不能 1 次拧到拧紧力矩，应先预紧，后用扭矩扳手拧紧到位。

参 考 文 献

[1] 蒋刚. 工业机器人. 西安：西安交通大学出版社，2011.
[2] 孙树栋. 工业机器人技术基础. 西安：西北工业大学出版社，2006.
[3] 尼库(美). 机器人学导论. 北京：电子工业出版社，2013.
[4] 叶晖. 工业机器人实操与应用技巧. 北京：机械工业出版社，2010.
[5] 滕宏春. 工业机器人与机械手. 北京：机械工业出版社，2015.
[6] 邱庆. 工业机器人拆装与调试. 武汉：华中科技大学出版社，2016.